Buchbinden

Jan Kiel / Ruud Löbler

Buchbinden

Einführung in eine traditionsreiche Technik

Otto Maier Verlag Ravensburg

Die Heftlade auf dem Schutzumschlag stellte uns freundlicherweise die Firma van Eeuwen bv zur Verfügung.

Die niederländische Originalausgabe erschien unter dem Titel »Het Boekbindboek« bei Cantecleer bv, de Bilt

Originalausgabe ISBN 90-213-0737-5

Aus dem Niederländischen übertragen von
Florentine und Hans-Edmund Naylor
Fotos: Joke Anema-Balke und Königliche Bibliothek 's-Gravenhage, Hans van Ommeren
Zeichnungen: Hetty Paërl, Mary Nauta
Satz: Bauer & Bökeler Filmsatz GmbH, Denkendorf
Gesamtherstellung: Appl, Wemding
Printed in Germany

90 89 88 87 86 7 6 5 4 3

ISBN 3-473-42551-6

Inhalt

Vorwort

Buchbinden, ein herrliches Handwerk! Wer hätte vor zwanzig Jahren gewagt, sich zu so großer Begeisterung hinreißen zu lassen? Nur wenige, und dann nur mit einem tiefen Seufzer im Sinne von: »Weißt du noch? Ach ja, die gute alte Zeit!«
Dennoch hat uns die Gegenwart zugleich mit der völligen Mechanisierung und Automatisierung ein gesundes, neu erwachtes Interesse für das altehrwürdige Handwerk gebracht. Was vor zwanzig Jahren noch unvorstellbar war, ist heute bereits an warmen Tagen ein uns vertrauter Anblick im Stadtbild: junge Leute, die handgearbeitete Kunstgegenstände zum Kauf anbieten. Das gebundene Buch kann nicht zu derartigen Artikeln gehören, da es ein zu stark handwerklich geprägtes und fundiertes Fachwissen von seinem Hersteller erfordert.
Buchbinden, dieses schöne Handwerk, scheint wieder aufzuleben. Hundertfünfzig Jahre Industrialisierung haben den Beruf des Buchbinders an den Rand des Untergangs gebracht, aber gerade als er zu verschwinden drohte, zeigte sich neues Leben. Ein Aufflackern, ein schüchterner Neubeginn, der hoffen läßt. Es gibt wieder einige handarbeitende Buchbinder, die hochqualifizierte Arbeit leisten. Ausstellungen und ähnliche Aktivitäten haben erst kürzlich gezeigt, daß das Interesse an selbstgebundenen Büchern besonders unter den jungen Menschen wächst. Viele von ihnen wenden sich dem Buchbinden als seriösem Hobby zu, wahrscheinlich als Reaktion auf eine Gesellschaft, die uns mehr und mehr mit seelenlosen Massenartikeln umgibt. Und es erfüllt auch tatsächlich mit großer Genugtuung, wenn man seine eigenen Zeitschriften und einfach gehefteten Bücher mit einem schönen Einband versehen kann.
In unserer Zeit gibt es nur noch wenige, welche die Grundkenntnisse ihres Faches weitergeben können, und wenn, dann meist mündlich. Denn die Handwerker, Menschen mit goldenen Händen, sind häufig keine rede- oder schreibgewandten Leute. Es sind Menschen der Praxis. Sie zeigen lieber mit den Händen, was sie in Wort und Schrift nicht annähernd so gut ausdrücken könnten.
Aus diesem Grunde finden wir in den Berufsbeschreibungen früherer Zeiten zwar meist ein gediegenes Fachwissen, aber keinen flotten Stil, wodurch sie vor allem für den Anfänger nicht leicht zu lesen sind. Um so mehr ist es zu begrüßen, daß hier ein gut geschriebenes, leicht verständliches Buch über das Buchbinden erscheint, eine umfassende Informationsquelle, die auf dem Wissen eines Fachmannes alter Schule beruht, dem letzten Nachkommen einer Buchbinderfamilie. Zwei seiner Lehrlinge haben es geschrieben und auf so einleuchtende Weise mit Abbildungen versehen, daß man seine Lust, gleich an die Arbeit zu gehen, schon während des Lesens kaum bezwingen kann. Und warum sollte man das auch?
Die früheste und bekannteste Fachanleitung über das Buchbinden ist niederländischer Herkunft. Dabei handelt es sich um ein kleines handgeschriebenes Buch von Dirk de Bray (Kurze Unterweisung im Buchbinden) aus dem Jahre 1658.

Jan Storm van Leeuwen

Der Buchbinder

Das Auge des ewigen Wesens
kann das Buch Eures Herzens lesen

Läge das Wissen in Ecken verborgen,
wo der Weg zum Himmel führt,
wär's wert, die Welt danach abzusuchen
Aber nachdem dies dem Menschen
eindeutig gesagt wird,
im Heiligen Buch, das Gott gegeben,
verabscheut er das heilige Leben

Abb. 1: Jan Suyken Anno 1694.

Einleitung

Das Drucken und Binden von Büchern geschieht schon jahrelang auf maschinellem Wege. Ebenso, wie es Fabriken gibt, die Brot vollautomatisch über »Produktionsstraßen« herstellen, das dann fix und fertig geschnitten und verpackt den Betrieb verläßt, gibt es auch Druckereien/Bindereien, die Bücher produzieren.

Oft sind es Bücher von unglaublicher Schönheit, perfekt ausgeführt, komplett mit Illustrationen oder Einbandverzierungen versehen und mit der ganzen Raffinesse modernen technischen Könnens angefertigt.

Wir denken hierbei z. B. an die sehr begehrten Neuauflagen alter bibliophiler Bücher. Vielleicht gibt es sogar Menschen, die solche neuen »alten« Bücher im Grunde ihres Herzens schöner finden als die ursprünglichen, vergilbten und vom Zahn der Zeit beschädigten Museumsexemplare. Vielleicht, aber das ist zum Glück nicht sicher.

Ganz sicher aber ist es unserer Meinung nach, daß die noch so gute, maschinell oder größtenteils maschinell angefertigte Neuauflage eines alten Buches dem Original von vornherein unterlegen ist.

Wahrscheinlich kann niemand erklären, woran das liegt, denn es hängt nicht unbedingt mit der Volksweisheit zusammen, daß sich über den Geschmack nicht streiten läßt. Übereinstimmung besteht nur hinsichtlich der Tatsache, daß der undefinierbare Charme eines mit der Hand angefertigten Produktes sich nun einmal nicht mit unseren, auf sehr hohem Niveau stehenden technischen Mitteln nachahmen läßt. Und das, obwohl diese technischen Mittel, an Begriffen der historischen Entwicklung gemessen, die handwerklichen Möglichkeiten selbst hochbegabter Meister bei weitem überholt haben. Es ist darum fast eine Ironie, daß die Kunst des Handwerkers trotzdem höher eingeschätzt wird. Warum nur?

Man stelle sich vor, daß im Rijksmuseum von Amsterdam aus Sicherheitsgründen eine außergewöhnlich gute Reproduktion der berühmten »Nachtwache« von Rembrandt an Stelle des Originals aufgehängt würde. Das Format des Gemäldes, der Rahmen, die Umgebung, alles bliebe unverändert. Würde das Publikum damit zufrieden sein? Würde es sich weiterhin davor drängen? Natürlich nicht. Aber warum nicht? Man sieht doch genau das gleiche wie zuvor?

Vermutlich hängt es damit zusammen, daß der Eingriff so zahlreicher technischer Mittel das Endprodukt seinem Urheber entfremdet. Der unmittelbare Kontakt mit dem Künstler entfällt. Wir betrachten nur noch irgendein schönes Bild.

Und das erleben wir auch bei der Musik. Das vollkommenste Konzert vom Band oder von einer Platte, das man unter idealen Umständen mit der besten Apparatur, die der Markt zu bieten hat, abspielt, kann sich doch nicht mit derselben Aufführung »live« im Konzertsaal messen.

Auch für Bücher, wobei wir in diesem Zusammenhang natürlich vom Einband und nicht vom Inhalt oder gar dem literarischen Wert sprechen, gilt das gleiche. Ein handgebundenes Buch hat nun einmal mehr Charme als ein maschinell angefertigtes. Und ein handgeknüpfter persischer Teppich mit dem von der islamischen Lehre vorgeschriebenen Webfehler darin spricht uns unbedingt mehr an als ein fehlerloses, maschinell angefertigtes Exemplar.

Solche Überlegungen liegen der Idee, dieses Sachbuch zu schreiben, zugrunde. Es hat den Anschein, als würde das Fachwissen des Handbuchbindens sich gänzlich verlieren. Die wirklichen Fachleute dieses Handwerks werden immer weniger. Bei den verschiedenen Ausbildungen für die graphische Industrie wird der Akzent auf das maschinelle Buchbinden gelegt, wobei man die verschiedenen Berufszweige noch in allerlei Spezialgebiete unterteilt wie z. B. Broschierer, Liniierer, Vergolder, Bürobuchbinder usw.

Auch diese Erwägungen haben zum Erscheinen

des Buches beigetragen. Jan Kiel ist ein Buchbinder der alten Schule, der alle Aspekte des Faches beherrscht. Schon das ist etwas Besonderes, wenn man weiß, daß Spezialisierungen innerhalb dieses Zweiges des graphischen Berufswesens schon seit Jahrzehnten gang und gäbe sind. Kiel ist der letzte Nachkomme einer Buchbinderfamilie, und wir haben es uns zur Aufgabe gemacht, sein großes Fachwissen und seine Erfahrungen weiterzugeben.

Dabei wenden wir uns an einen Leserkreis, der sich vor allem aus Interesse für das alte Handwerk mit dem Buchbinden beschäftigen möchte. In erster Linie denken wir an das Binden von gesammelten Zeitschriftenjahrgängen oder von Partituren sowie an das Ausbessern kleiner Schäden an alten Büchern usw. Dem normalen Buchbesitzer dürfte damit am meisten gedient sein. Aber es ist natürlich möglich, daß Hobby-Buchbinder, die sich erst einmal soweit mit dem Fach beschäftigt haben, derart in den Bann dieses faszinierenden Handwerks geraten, daß sie noch mehr darüber wissen möchten. Darum geben wir in diesem Buch auch dafür schon gewisse Ansatzpunkte. Wir werden über die Anfertigung von marmoriertem Papier und über das Verzieren von Einbänden, insbesondere über das Handvergolden, sprechen. Wir gehen auch auf das Binden in Leder und auf Kartonage-Arbeiten ein wie z. B. die Herstellung von Aktenordnern, Schreibunterlagen, Zierschachteln, Urkundenmappen und dergleichen mehr. Allerdings müssen wir gleich darauf hinweisen, daß das richtige Restaurieren zu den Arbeiten hochspezialisierter Fachleute gehört!

Am Ende dieses Buches geben wir einige Adressen von Großhandelsfirmen in Buchbindermaterialien an, die Interessenten mit Adressen von Fachgeschäften in der jeweiligen Umgebung weiterhelfen können.

Die zu verrichtenden Arbeiten werden kurz, aber genau beschrieben und mit einer großen Anzahl von Illustrationen verdeutlicht. Nachdem wir zu Beginn eines jeden Kapitels angeben, welche Werkzeuge und Materialien benötigt werden, führen wir Sie dann Schritt für Schritt in die Kunst des Buchbindens ein. Das letzte Kapitel bringt eine detaillierte Beschreibung mit Arbeitszeichnungen und Fotos zur Anfertigung wichtiger Werkzeuge und Geräte wie z. B. der Buchpresse, der Heftlade, des Falzbeins usw.

Bitte seien Sie sich von vornherein darüber im klaren, daß sich ein berufsmäßiges Niveau nur durch ständige Übung und die dadurch wachsende Erfahrung erreichen läßt. Das gilt für alle Fertigkeiten. Dieses Buch kann den Leser wohl lehren, wie man Bücher bindet, aber es kann keinen Buchbinder aus ihm machen. Das muß jeder selbst vollbringen. Viel Erfolg!

Ruud Löbler
Joost van Cleeff

Das Buchbinden im Laufe der Jahrhunderte

Eine kurze geschichtliche Übersicht

Die älteste Form des Buches müssen wir vielleicht im alten Indien suchen. Die Inder schrieben ihr Sanskrit auf getrocknete Palmenblätter. Diese Blätter zogen sie auf eine Schnur, die oben und unten wieder an Brettchen befestigt war.
In China und Japan kannte man eine Art Buch in der Form von aneinandergeklebten und mit Holzschnitten versehenen Papierstreifen. Sie wurden mit einem seidenen Umschlag versehen. Diese frühe Buchform zeigt vor allem durch den seidenen Umschlag schon eine starke Verwandtschaft mit dem heutigen Buch. In Europa wurde das Papier als Material zur Herstellung von Büchern erst gegen Ende des vierzehnten Jahrhunderts bekannt.
Bei den alten Kulturvölkern fand das Buch in Rollenform weite Verbreitung. Es war ägyptischen Ursprungs. Zu seiner Herstellung wurde das Innere der Papyrusstengel in schmale Streifen geschnitten. Diese Streifen legte man senkrecht übereinander und begoß sie mit Nilwasser, dem man eine stärkehaltige Substanz zugesetzt hatte. Danach wurden sie zu kompakten Bogen zurechtgeschlagen oder »gewalzt«. Diese trocknete man dann in der Sonne. Das auf diese Weise gewonnene Material erwies sich als ein widerstandsfähiges »Papier« von so großer Haltbarkeit, daß viele Museen noch heute über originale Papyrusfragmente verfügen, die sehr gut lesbar geblieben sind.
Die Papyrusstreifen wurden nach ihrer Fertigstellung an beiden Seiten mit runden Holzstöcken versehen. Den Text ordnete man in Spalten und las die Rollen dann, indem man den Stock auf der einen Seite nach innen und den auf der anderen nach außen drehte. Der Einteilung in Spalten begegnen wir auch heute noch sowohl in Zeitungen und Zeitschriften als auch in jedem gedruckten Buch, denn eigentlich ist eine Seite im Buch nichts anderes als die Spalte so einer Papyrusrolle.
Die Form des heutigen Buches ist aber nicht vom pflanzlichen Papyrus, sondern eher von der Verwendung tierischer Häute bestimmt worden. König Sardanopolus schuf in der Blütezeit des zweiten Babylonischen Reiches (606 bis 539 v. Chr.) eine Art Büchersammlung. Diese bestand aus Lehmtafeln, von denen einige noch aus der früh-sumerischen Kultur Mesopotamiens stammten. Zur gleichen Zeit aber scheinen die alten Perser die Geschlechtstafeln ihrer Stammeshäupter bereits lange auf Tierfelle geschrieben zu haben, die auch viele andere Völker dieser Gebiete zum Aufzeichnen ihrer Schriftzeichen benutzten.
Knapp zweieinhalb Jahrhunderte danach, etwa um 300 v. Chr., entdeckte man in Kleinasien in der Stadt Pergamon ein Verfahren, mit Hilfe dessen man die Häute kleinerer Tierarten (Schafe und Ziegen) präparieren konnte, daß ein schönes, glattes Schreibmaterial daraus entstand, das Pergament. Wir sind heute in der Lage, dieses Material mit geöltem Papier recht gut zu imitieren. Es wird für Lampenschirme, für Urkunden und auch in der Buchbinderei verwendet. Trotzdem bleibt es eine Imitation, denn echtes Pergament besteht aus Tierhaut.
Die ursprüngliche Art des Präparierens war recht mühsam. Zuerst ließ man die Häute ungefähr drei Wochen lang in einer Kalklösung weichen. Dann wurden sie von den Haaren befreit und mit einem beizenden Stoff nachbehandelt. Danach spannte man die Häute in Rahmen, wo sie von beiden Seiten sorgfältig mit halbrunden Messern abgeschabt wurden. Zum Schluß glättete man die Oberflächen, indem man sie vorsichtig mit Bimsstein abrieb.
Da es nahezu unmöglich schien, das Material aneinanderzukleben oder zu nähen, ging man von der Rollenform ab. Man faltete die Pergamenthäute zusammen und legte sie später auch doppelt übereinander. So entwickelte sich langsam unsere heutige Buchform, die wir allerdings auch noch auf andere

Abb. 2: Bucheinband in olivgrünem Saffian, mit einem kleinen aufgelegten, roten Schild in der Mitte, von Albertus Magnus (?), aus Amsterdam, 1667. 212 × 129 × 70 mm um die **Biblia Hebraïca.** Im Besitz der Königlichen Bibliothek, 's-Gravenhage. Buchnummer 142D19. Notis Hebraïcis et lemmatibus Latinis illustrata a Johanne Leusden. Amstelodami, Typis et sumptibus Josephi Athias, 1667. 8°.

Weise entstehen sehen. In Ägypten, Vorderasien und in der griechisch-römischen Kultur bediente man sich der um einen zylinderförmigen Kern gedrehten Buchrolle. Später begegnen wir griechischen und römischen Handschriften auf Pergament, deren Vorläufer die sog. Diptychons waren. Dabei handelte es sich um Schreibtafeln, die mit Scharnieren versehen und mit einer Wachslage beschichtet waren. Sie wurden mit einem Stift beschrieben. Damit war allerdings die Zeit des Papyrus noch lange nicht vorbei. Mit dem aufkommenden Christentum entstand die Notwendigkeit, u. a. Bibeln in möglichst großer Zahl zu verbreiten. Papyrus aber war erheblich billiger als Pergament. Selbst die Päpste haben noch im 11. Jahrhundert auf Papyrus geschrieben.

Vom frühen Mittelalter an waren es vor allem die Klöster, die es verstanden, das Buchbinden zu einer wahren Kunst zu entwickeln. Bis zur zweiten Hälfte des fünfzehnten Jahrhunderts beschäftigten sich nahezu ausschließlich Mönche mit diesem Handwerk. Das ist leicht zu begreifen, wenn man bedenkt, daß sich der Besitz von Büchern bis lange nach der Erfindung der Buchdruckkunst einzig und allein auf die Kirche, den Adel und vor allem die Klöster beschränkte. Die Bibliothek war der Stolz eines jeden Klosters. Von Thomas von Kempis ist die Äußerung überliefert: »Ein Kloster ohne Bücher ist wie eine Küche ohne Geschirr, ein Tisch ohne Speise, ein Fluß ohne Fische, ein Korb ohne Blumen und eine Geldbörse ohne Geld.«

Schon gut zwei Jahrhunderte vor der Erfindung der Buchdruckkunst wurde eine von den Arabern nach Europa gebrachte Fabrikationsmethode für die Papierherstellung bekannt. Diese Erfindung und die immer besser werdende Drucktechnik führten zu einer langsamen Umwälzung in der Welt des Buches. Offensichtlich gab es damals neben den Mönchen doch auch schon einige Laienschreiber, die sich vor allem mit dem Kopieren von Büchern beschäftigten. Ebenso scheinen sich in der Anfangsperiode der Buchdruckkunst, der Zeit der Buchblöcke, bald sowohl Mönche als auch Laien auf das Beschneiden der Buchblöcke spezialisiert zu haben. Und so wuchs allmählich das Interesse am Buch, und zugleich damit entwickelte sich der Beruf des Buchbinders. Nachdem das Buch zum Handelsartikel geworden war, finden wir im 15. Jahrhundert bereits selbständig niedergelassene Buchbinder. Das gilt jedenfalls für die Niederlande. In Frankreich, vor allem in Paris, trifft man schon ein Jahrhundert eher auf Leute dieses Faches. Auch die erste Gilde, der ausschließlich Buchbinder angehörten, stammt aus dieser Zeit. Sie wurde in Paris gegründet.

Als Folge dieser Entwicklung unterscheiden wir noch heute zwischen der französischen, der englischen und der deutschen Bindeweise.

Es würde im Rahmen dieses Buches zu weit führen, auf alle diese historisch gewachsenen Unterschiede in den Bindemethoden einzugehen.

Es sollte nicht negativ bewertet werden, daß das Buch im Laufe der Jahre ein Handelsartikel geworden ist. Schließlich sind der Kommunikation dadurch unbegrenzte Möglichkeiten eröffnet worden, und der Einfluß, den das gedruckte Buch auf die kulturelle Entwicklung vieler Länder nahm, darf nicht unterschätzt werden.

Unser Sprichwort »Zeit ist Geld« spielte derzeit noch nicht im entferntesten die Rolle, die es heute spielt. Man konnte also viel Zeit und Sorgfalt auf das Einbinden und vor allem auf das Verzieren der Bände verwenden, was noch heute in vielen Museen und Bibliotheken nachzuweisen ist. In diesem Zusammenhang möchten wir die Koninklijke Bibliotheek in Den Haag, das Rijksmuseum Meermanno-Westreenianum in Den Haag, die Universitätsbibliotheken in Amsterdam, Utrecht und Leiden sowie das Aartsbisschoppelijk Museum in Utrecht nennen.

Nach der Kirche haben vor allem die Fürsten in Deutschland und Frankreich dazu beigetragen, die Kunst des Handbuchbindens zu stimulieren. Dabei konnte die Art des Einbindens und Dekorierens von Land zu Land, von Hof zu Hof erheblich voneinander abweichen, aber letzten Endes haben sich die französische und die deutsche Bindemethode durchgesetzt, wobei die letztere durch die Initiative von Alexis René Bradel im Anfang des 19. Jahrhunderts stark verändert wurde.

Ein bekannter niederländischer Buchbinder des »Goldenen Zeitalters« war Albertus Magnus. Sein Stil ist deutlich von der französischen Art des Einbindens und Dekorierens beeinflußt. Er hat herrliche Arbeiten hinterlassen. Dennoch müssen wir uns darüber im klaren sein, daß selbst die schönste Arbeit jener Zeit kleine Fehler aufweisen kann, da der Buchbinder ja alle erforderlichen Arbeiten

Abb.3: Mit Gold bestempelter, marmorierter Bucheinband aus Kalbsleder von Lion Cohen, 's-Gravenhage, ca. 1785, 450 × 307 × 27 mm um das Buch von William Hamilton Campi Phlegraei. Observations on the Vulcanos of the two Sicilies. Neapel, Peter Fabris, 1776. 2°. Im Besitz der Königlichen Bibliothek, 's-Gravenhage. Buchnummer 42A15.

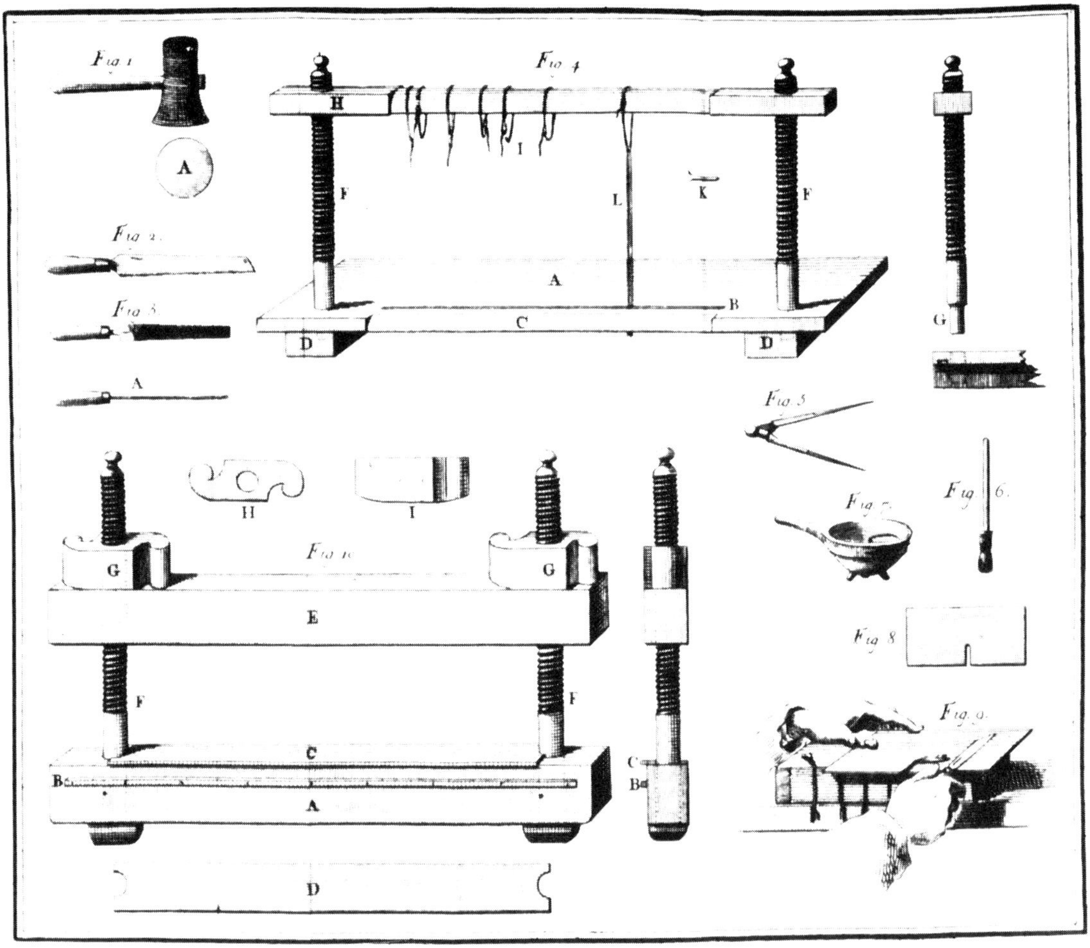

Abb. 4: Buchbinderwerkzeuge. Abbildung II aus »Der Buchbinder« von Hendrik de Haas, 1806.

selbst ausführen mußte. Und es ist nur allzu verständlich, daß er bei diesen so unterschiedlichen Tätigkeiten nicht auf allen Gebieten gleich gut sein konnte. Aber gerade darin liegt der Charme dieser alten Bände. Jeder Band war einmalig in seiner Art. Der Hersteller hatte etwas von seinen persönlichen künstlerischen Gaben hineingelegt. In diesem Zusammenhang ist es auch interessant zu wissen, daß sich die französische Arbeitsweise schon seit dem 16. Jahrhundert von der niederländischen unterschied. Die Franzosen hatten sich derzeit schon spezialisiert: Der Buchbinder vergoldete seine Arbeit in den meisten Fällen nicht selbst, sondern ließ das den Vergolder machen. Der niederländische Buchbinder tat alles selbst.

Albertus Magnus und seine Gildebrüder verwendeten für das Dekorieren des Einbandes und auch für den Goldschnitt Blattgold von ausgezeichneter Qualität. Ihre Arbeitsweise war so gut, daß von einer Verfärbung des Goldes bei den alten Bänden noch heute kaum die Rede sein kann. Das Leder wurde so vortrefflich gegerbt, daß es dem Verfall der Zeit gewachsen war. Eine »Wegwerf-Gesellschaft› ist den Menschen damals unvorstellbar gewesen. Was man schuf, sollte für Generationen Bestand haben.

Abb. 5: Buchbinderei Anno 1806. Entnommen dem Buch: »Der Buchbinder oder eine umfassende Beschreibung all dessen, was mit dieser Kunst zusammenhängt« von Hendrik de Haas. Verleger: A. Blussé en Zoon in Dordrecht, 1806.

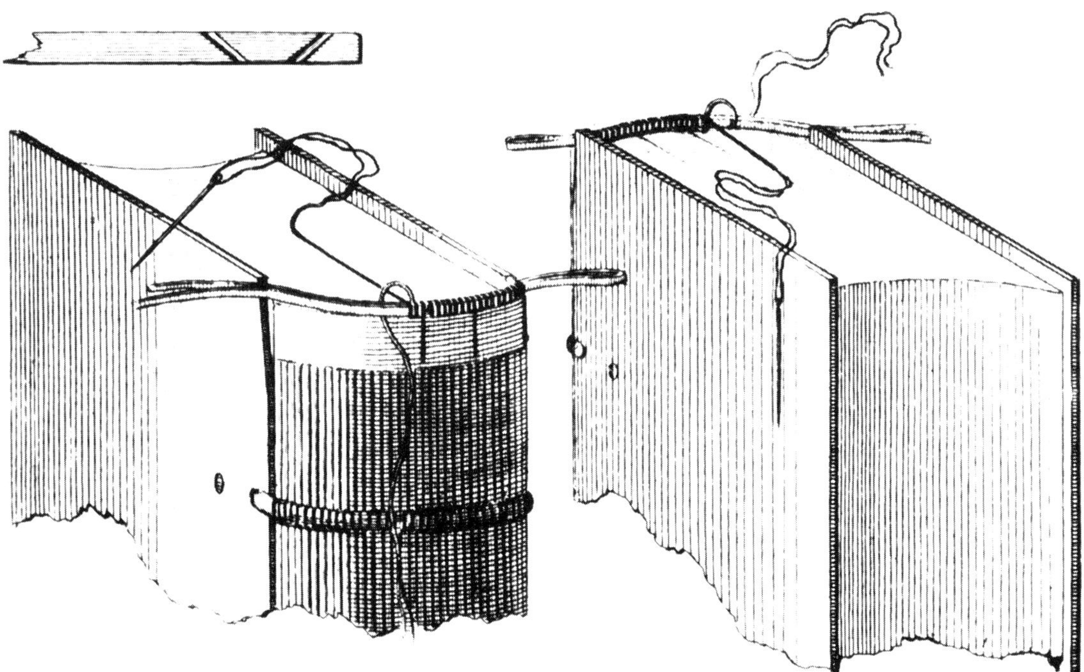

Abb. 6: Das Umstechen des Kapitalbandes. Detail aus Abbildung V des Buches »Der Buchbinder« von Hendrik de Haas, 1806.

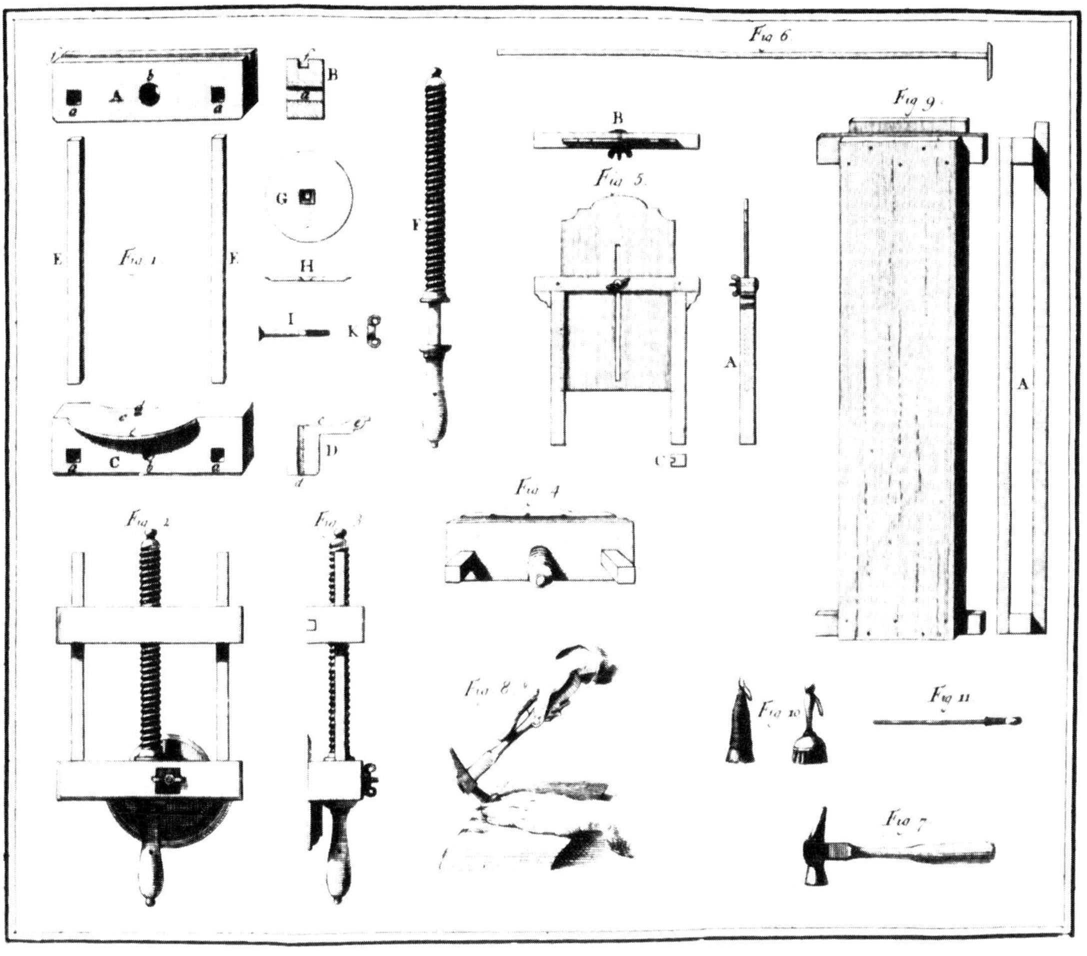

Abb. 7: Buchbinderwerkzeuge. Abbildung III aus dem Buch »Der Buchbinder« von Hendrik de Haas, 1806.

Ungefähr von der zweiten Hälfte des 17. Jahrhunderts an breitete sich der Buchbesitz mehr und mehr bis in alle gesellschaftlichen Schichten der Bevölkerung aus. Also mußten die Bücher billiger werden. Das Leder und Pergament aber machten das Binden teuer, und niemand kam auf die Idee, Bücher mit einem Einband von Papier oder dünnem Karton zu versehen, wie es heute beim Taschenbuch üblich ist.

Man ging deshalb dazu über, Textilien zu verwenden. Anfangs handelte es sich dabei um einfachen groben Baumwollstoff, wie ihn die Webereien damals lieferten. Es verwundert nicht, daß diese Entwicklung gerade aus England kam, denn dort war es schon jahrhundertelang Tradition, Bücher in Seide und Samt einzubinden. Solche Einbände aus kostbaren Stoffen wurden oft von den Damen des Adels oder bei Hofe reich mit Stickereien versehen, denn diese Beschäftigung galt als höfischer Zeitvertreib. Es ist bekannt, daß selbst Königin Elizabeth I. verschiedene Bucheinbände mit Stickereien verziert hat. Der älteste bestickte Samteinband stammt aus dem Jahre 1471. Er ist im Britischen Museum in London zu besichtigen. Übrigens blieb der Brauch, Bücher mit Einbänden aus kostbaren, reich bestickten Stoffen zu versehen, nicht allein

auf England beschränkt. Es galt allgemein als großer Luxus (leider ein vergänglicher Luxus).
Die rohen Baumwollstoffe wurden von den Buchbindern selbst gefärbt, bedruckt und gepreßt, bis 1827 in England von Archibald Leighton eine Fabrik errichtet wurde, die ausschließlich Buchbinderleinen herstellte. Das führte zu einer enormen Umwälzung. Er nannte das Material »calicot«, da er das dazu benötigte feine Gewebe aus Calicut, einer ganz im Südwesten Indiens gelegenen Stadt, einführte. Ungefähr 1832 brachte er sein besonders präpariertes Leinen auf den Markt. Der Erfolg war so groß, daß sich sehr bald auch andere Hersteller mit der Fertigung des neuen Artikels befaßten. Bereits 1840 gab es in England eine ganze Industrie, die nur Buchbinderleinen in den verschiedensten Farben und Prägungen lieferte. Eigentlich waren es in dieser Beginnperiode der industriellen Revolution zwei Entwicklungen, die die Form des Buches, wie wir sie heute kennen, entscheidend beeinflußt haben: einerseits das maschinell angefertigte Buchbinderleinen und andererseits die erwärmte Vergoldepresse, durch die es möglich wurde, die Einbände schneller als im Handbetrieb mit vergoldeten Titeln zu versehen.
So entstand Schritt für Schritt der industrielle Bucheinband, mit dem man die Bücher versah, die später im Laden zum Verkauf angeboten wurden. Das mag für uns selbstverständlich klingen, aber damals war es noch nicht so normal, weil Bücher vor der industriellen Revolution noch nicht im Auftrag eines Verlegers gebunden wurden, sondern ausschließlich in dem des jeweiligen Besitzers. Die Buchläden verkauften Bücher entweder broschiert oder in losen Blättern. Es ist dabei bemerkenswert, daß diese beiden Erfindungen, die Vergoldepresse und das Buchbinderleinen, sich gegenseitig in der qualitativen Entwicklung beeinflußt haben.
Benjamin Suggit Nayler, ein Engländer, der sich zwischen 1820 und 1829 in Amsterdam niedergelassen hatte, hat das englische Buchbinderleinen in Holland eingeführt.
Die Verwendung dieses neuen Materials, das es bald in vielen verschiedenen Farben, Dessins und Zusammensetzungen gab, wirkte sich entscheidend auf das Buchbinden aus, zumal diese Erfindung in die Zeit der industriellen Revolution fiel. Als es erst einmal möglich war, die Einbände völlig maschinell anzufertigen, versehen mit den ebenfalls maschinell mit der Vergoldepresse angebrachten Dekorationen und Titeln, gehörten das Handvergolden und die verschiedenen anderen künstlerischen Bearbeitungen des Einbandes bald zum vergangenen Ruhm des schöpferischen handwerklichen Buchbindens.
Es erscheint wie ein Hoffnungsschimmer, daß sich gerade jetzt, wo die Hast und Oberflächlichkeit, die Massenproduktion und die nüchterne unpersönliche Formgebung einen Höhepunkt erreicht zu haben scheinen, immer mehr Menschen nach dem ehrlichen, alten Handwerk sehnen, das einen unmittelbaren Kontakt zwischen den Händen und dem Material herstellt. Was das Buchbinden anbelangt, so können wir aus eigener Erfahrung sagen, daß es inspirierend wirkt.

Abb. 8: Das Runden des Rückens. Detail (siehe **Abb. 7**).

Das Auseinandernehmen und Reparieren eines Buches

Material und Werkzeug:

- Ein Buchbindermesser (notfalls ein normales, spitzes Messer. Möglichst kein Teppich- oder Kartonmesser, obwohl es nicht schaden kann, auch dieses zur Hand zu haben)
- Einige Bogen Durchschlagpapier (40 g)
- Kleister (auf keinen Fall Gluton oder etwas ähnliches)
- Ein Pinsel für Kleister
- Eine gute, stabile Schere
- Ein Stahllineal, 50 cm lang
- Empfehlenswert: ein Zinkblech, etwa 40 x 50 cm groß (zum Unterlegen beim Schneiden)

Bindeweise	Rücken	Einband	Ecken	Heftart
1. Broschiert	rund (1 bis 2 Lagen, z. B. Heft)	Umschlagpapier		genietet oder normaler Broschierstich
2. Kartoniert geschnitten	viereckig, Leinen, mehrere Lagen	harter Karton (Graupappe), mit Marmorpapier (Deckel glatt beschnitten) beklebt		normaler Broschierstich oder um zwei Heftbänder
3. Kartoniert eingeschlagen	viereckig, Leinen, mehrere Lagen	Graupappe, mit Marmorpapier beklebt, das um die Deckel herumgeschlagen ist	Leinen	um zwei oder drei Heftbänder
4. Gebunden	rund, Leinen, mehrere Lagen	Graupappe, vollständig mit Leinen beklebt, oder in Kombination mit Marmorpapier	Leinen	um zwei oder drei Heftbänder oder auf Schnüre
5. Taschenbuch gelumbeckt	viereckig, Papier oder Halbkarton	Papier, eventuell plastifiziert		geleimter Rücken mit Kunstharzleim
6. Taschenbuch, geheftet gebunden	viereckig, Papier oder Halbkarton, mehrere Lagen	Papier, eventuell plastifiziert		normaler Broschierstich oder um zwei Heftbänder

– Abb. 9 –

1. Geheftet

2. Kartoniert, beschnitten (vorn) und
3. Kartoniert, eingeschlagen (hinten)

4. Gebunden

5. Gelumbeckt

Abb. 10

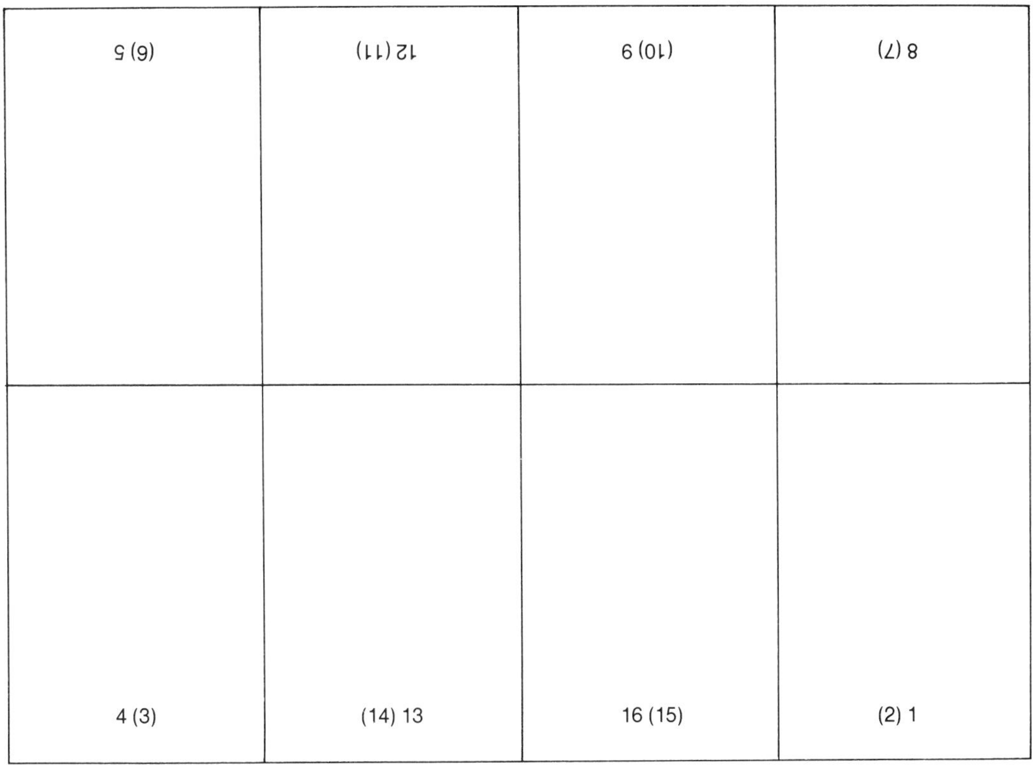

Abb. 11: Falzschema, () = Rückseite eines Papierbogens, in Seiten verteilt.

Sowohl in diesem als auch in den nachfolgenden Kapiteln wird davon ausgegangen, daß ein vorhandenes Buch neu eingebunden werden soll. Wir wählen daher ein nicht zu wertvolles Buch aus, bei dem darauf geachtet werden muß, daß es geheftet ist. Es müssen also, wenn das Buch aufgeschlagen wird, innen Heftfäden zu sehen sein.
Bevor wir aber anfangen, wollen wir uns mit einer gewissen Grundkenntnis der üblichen Einbindearten vertraut machen. Da wir später das ganze Buch auseinandernehmen werden, müssen wir wissen, auf was wir dabei stoßen können.

Abb. 10 zeigt eine Übersicht der gängigsten Bindearten. Die Ziffern der Bücher stimmen mit den Nummern in der Übersicht von **Abb. 9** überein. Schon jetzt soll darauf hingewiesen werden, daß von diesen Grundmöglichkeiten viele Variationen abgeleitet werden können. Hierüber folgt näheres in den diesbezüglichen Kapiteln.

Der Aufbau des Buches

Das gängigste Buchformat Oktav (aus dem Lateinischen »in Achteln«) leitet seinen Namen von der Tatsache her, daß so ein Buch aus einzelnen Lagen besteht, die jeweils zweimal acht Seiten umfassen. Eine solche Lage ist aus einem Bogen Papier gefalzt, und zwar nach dem auf **Abb. 11** dargestellten System. Die einzelnen Seiten werden numeriert, selbstverständlich von 1 bis 16, 17 bis 32 usw. Zudem geben die meisten Drucker auch den Lagen noch eine durchlaufende Numerierung, die sog. Bogensignatur. Diese Signatur findet man für gewöhnlich links unten auf den Seiten 1, 17, 33, 49, 65 usw. Für den Buchbinder ist diese Numerierung ein besonderes Hilfsmittel, um die richtige Reihenfolge gewährleisten zu können.
Die Seitennummern der Rückseiten stehen zwischen den Klammern. Man kann sich aus einem Bogen Schreibpapier leicht selbst so eine Lage anfertigen, wenn man sehen will, wie sie bezüglich

Abb. 12: Ein Stapel Lagen.

der Seitennumerierung aufgebaut ist. Der Bogen wird dreimal in der Mitte gefalzt, immer senkrecht zur Längsrichtung.

Ein Buch besteht also einfach aus einem Stapel Lagen (siehe **Abb. 12**).

Wie diese Lagen miteinander verbunden werden, wird im Kapitel »Das Heften« besprochen. Vorläufig genügt es zu wissen, daß sie mit Zwirn zusammengeheftet sind und daß der Rücken eine Leimschicht aufweist, unter der sich senkrecht zum Rükken verlaufende Bänder oder Heftschnüre befinden können (siehe **Abb. 13**).

Um ein Buch zu reparieren, muß es zunächst auseinandergenommen werden. Hierbei sollte man so vorsichtig wie nur möglich zu Werke gehen. Aller alter Zwirn, alle Heftbänder oder -schnüre und jegliche Leimreste müssen entfernt werden, einschließlich der Klümpchen, die sich in den Heftlöchern festgesetzt haben.

Danach kann mit dem Auseinandernehmen der einzelnen Lagen begonnen werden. Um die Arbeitsgänge, besonders aber die Reihenfolge derselben, so gut wie möglich kennenzulernen, ist es ratsam, an dieser Stelle **Abb. 14** genau zu betrachten, auf der ein beliebiges, kaum geöffnetes Buch mit den gebräuchlichen Bezeichnungen dargestellt ist. Das eigentliche Buch (Seiten und Vorsätze) heißt **Buchblock.** Die Schnittkanten des Buchblockes werden genannt:

Kopf = oberer Schnitt
Schwanz (oder **Fuß**) = unterer Schnitt
Vorderschnitt = der dem Rücken gegenüberliegende Schnitt.

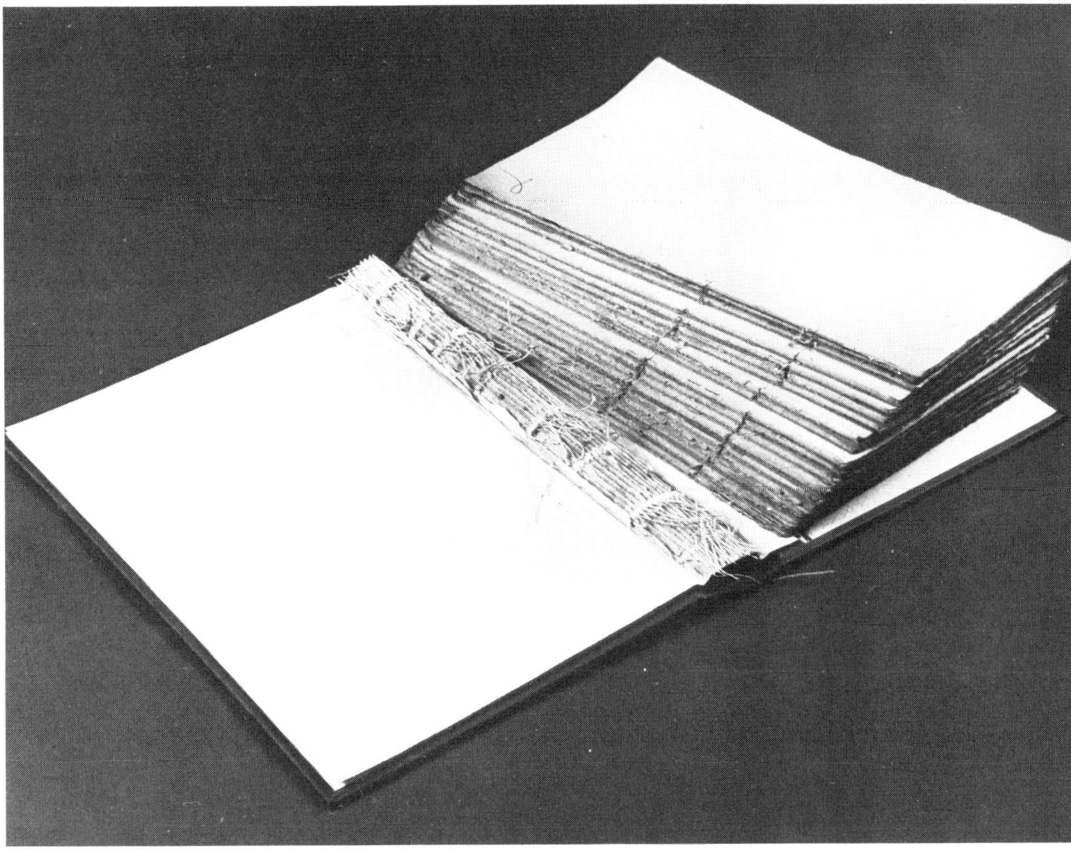

Abb. 13: Ein vom Rücken getrenntes Buch. Der Zwirn ist bereits entfernt.

Auf **Abb. 14** ist deutlich zu sehen, daß das ganze Buch an den Vorsätzen im Einband »hängt«. In der Regel ist der Einband nicht am Rücken des Buches festgeklebt. Das Kapitalband dient zur Verzierung und schützt den Innenrücken gegen Staub. Es ragt ein kleines Stück über den Schnitt hinaus.
Wenn wir das Buch vor uns hinlegen, so werden die beiden Einbanddeckel von dieser Position aus als vorderer und hinterer Deckel bezeichnet (Rükken und Deckel = Einband, siehe **Abb. 52**).
Beim Auseinandernehmen des Buches wird folgendermaßen vorgegangen:
1. Das Buch wird flach hingelegt. Man nimmt den vorderen Einbanddeckel in die eine Hand, drückt mit der anderen den Rest des Buches fest auf den Tisch und löst den Einbanddeckel vorsichtig ab, wobei sich häufig auch der Rücken löst.
Auf die gleiche Weise verfährt man mit dem hinteren Deckel des Buches (siehe **Abb. 15**). Der Einband ist nun vom Buchblock getrennt.
Sofern sich der Einband noch in einem annehmbaren Zustand befindet, wird er aufbewahrt. Später kann man darüber entscheiden, ob er ganz oder teilweise wiederverwendet werden soll, damit das Buch so weit wie möglich im ursprünglichen Zustand erhalten bleibt.
2. Bei manchen Büchern ist die Leimschicht so dünn, daß die Lagen zu sehen sind, wenn man die schützende Papier- oder Leinenschicht entfernt hat. Es ist unbedingt anzuraten, alles, was sich irgendwie lösen läßt, wie harte Leimkrusten usw., vom Rücken zu entfernen.
Oft genug ist es aber gar nicht so einfach, den alten Leim zu beseitigen.

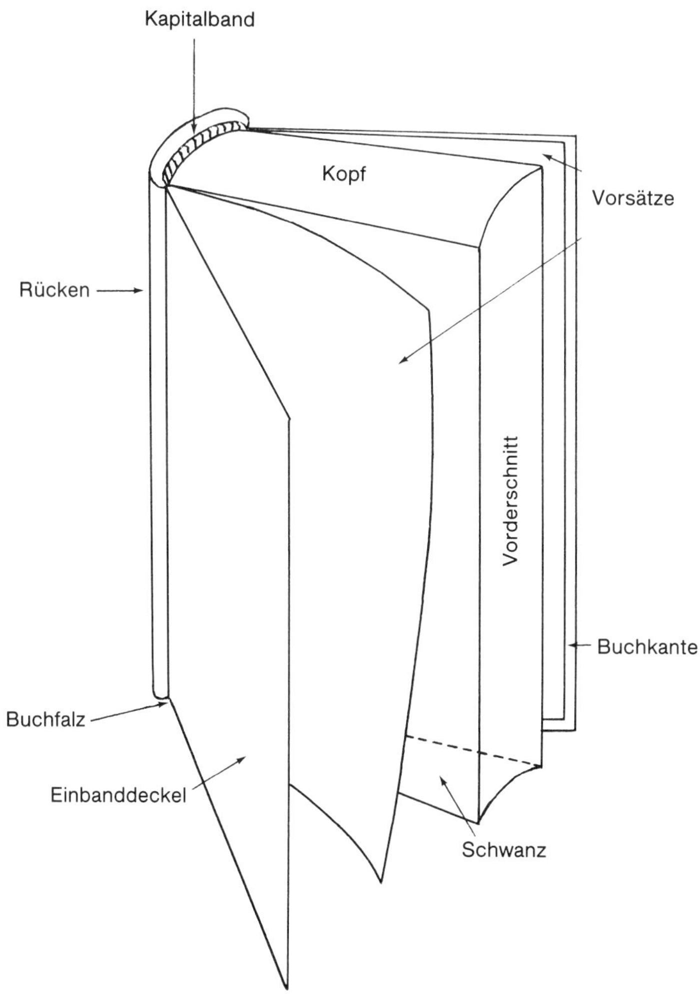

Abb. 14: Der Aufbau eines Buches.

Dann muß man jede Lage einzeln vornehmen, und zwar auf folgende Weise:
Man sucht die Mitte der ersten Lage, d. h. man wird in den meisten Fällen vier Seiten abzählen, wie bereits eingangs beschrieben. Hierbei heißt es allerdings aufpassen, denn es gibt Lagen, die mehr oder auch weniger Seiten umfassen. So etwas kann sogar in ein und demselben Buch vorkommen.
In der Mitte der Lagen ist der Zwirn sichtbar, das nun überall, wo es nicht befestigt ist, durchschnitten wird. Dann zählt man die gleiche Anzahl Seiten weiter und zieht die ganze Lage vom Buchblock ab (siehe **Abb. 16**).
Die Lagen werden umgekehrt abgelegt. Das ist sehr wichtig, denn sie müssen immer, auch bei allen weiteren Bearbeitungen, die gleiche Reihenfolge behalten. Die übrigen Lagen werden entsprechend behandelt.
Sind sämtliche Lagen aus der Heftung entfernt, wird der ganze Stapel wieder umgedreht. Nun kommt es darauf an, alle alten Leim- und Zwirnreste zu entfernen.
3. Hierfür eine allgemein gültige Methode anzugeben, ist schwierig, da es von der Zusammensetzung des Papiers, der benutzten Leimsorte und der Art des Einbindens abhängt, wie man am scho-

Abb. 15: Das Abziehen des Einbandes.

Abb. 16: Das Aufschneiden des Heftzwirns.

Abb. 17: Das Säubern des Rückens.

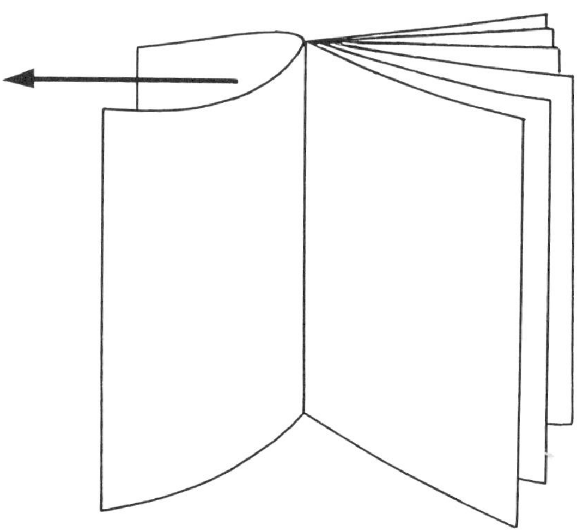

Abb. 18: Die Richtung, in welche die zwei äußersten Blätter weggezogen werden.

nendsten vorgeht. Wichtig ist natürlich, daß die Lagen so wenig wie möglich beschädigt werden.
Die beste Arbeitsweise ist, die Leimreste von den Lagen abzustechen. Hierzu benutzt man das Buchbindermesser oder auch ein anderes nicht zu scharfes Messer, eventuell ein Tafelmesser. Man sticht grundsätzlich von der Vorder- zur Rückseite ab, niemals in der Kopf- oder Schwanzrichtung (siehe **Abb. 17**). In manchen Fällen muß dieses Abstechen auch an der anderen Seite der Lage wiederholt werden, und mitunter ist es sogar notwendig, die Lagen Seite für Seite auseinanderzunehmen, um allen Leim zu entfernen. Wo nämlich der Leim nach innen gelaufen ist, kleben häufig kleine harte Klumpen in den Heftlöchern, die nicht übersehen werden dürfen. Meistens genügt es, mit den Fingern einige Male leicht darüberzureiben. Zu diesem Zweck legt man die Doppelseite aufgefaltet mit dem Rücken nach oben vor sich hin und reibt dann

vom Rücken zur Vorderkante. Beim Auseinandernehmen solcher Lagen mit durchgelaufenem Leim ist Vorsicht geboten. Es entstehen leicht Risse, wenn man die verschiedenen Seiten der Lage zu trennen versucht. Sind solche Seiten sogar durch den in den Heftlöchern klebenden Leim fest miteinander verbunden, so nimmt man die zwei Blätter in die eine Hand. Man zieht sie dann, während man den Rest der Lage mit der anderen Hand festhält, mit einem kleinen Ruck ab. Man achte darauf, daß dabei nur auf die Rückseite Druck ausgeübt wird (siehe **Abb. 18**). Aber auch mit Hinblick auf diesen Arbeitsgang ist es schwer, eine allgemeingültige Regel anzugeben. Wesentlich sind drei Punkte:

1. Alle alten Leim- und Zwirnreste müssen entfernt werden.
2. Die Lagen sollen möglichst wenig Schaden leiden (denn je mehr man beschädigt, um so mehr muß man reparieren).
3. Jede gesäuberte Lage muß sorgfältig umgekehrt abgelegt werden.

Das Reparieren der Lagen

Der gesamte Lagenstapel wird wieder umgedreht. Es kommt so gut wie nie vor, daß ein auseinandergenommenes Buch völlig unbeschädigt ist. Meistens sind es ja gerade die Beschädigungen, die uns veranlassen, es neu einzubinden. Mit Beschädigungen sind im übrigen in diesem Zusammenhang ausschließlich Risse, Löcher oder Verschleißerscheinungen des Papiers gemeint. Ratschläge zur Fleckenentfernung finden wir am Schluß dieses Kapitels.

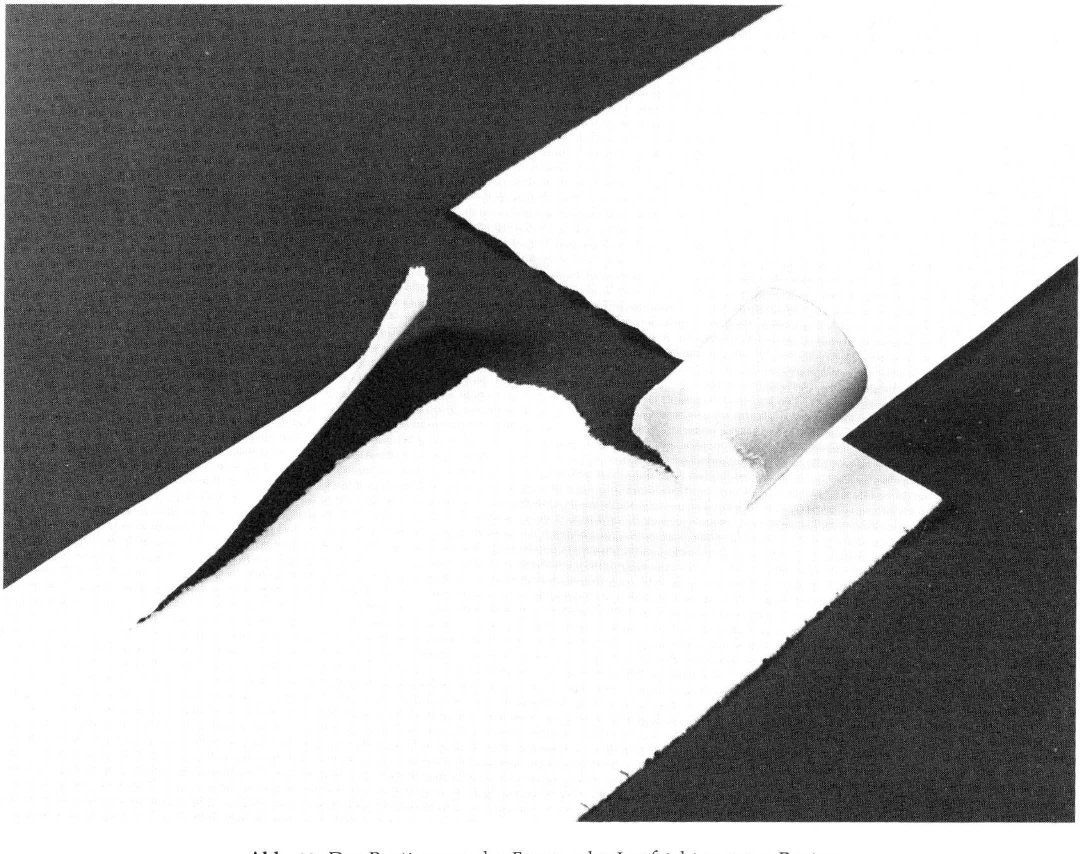

Abb. 19: Das Bestimmen der Faser- oder Laufrichtung von Papier.

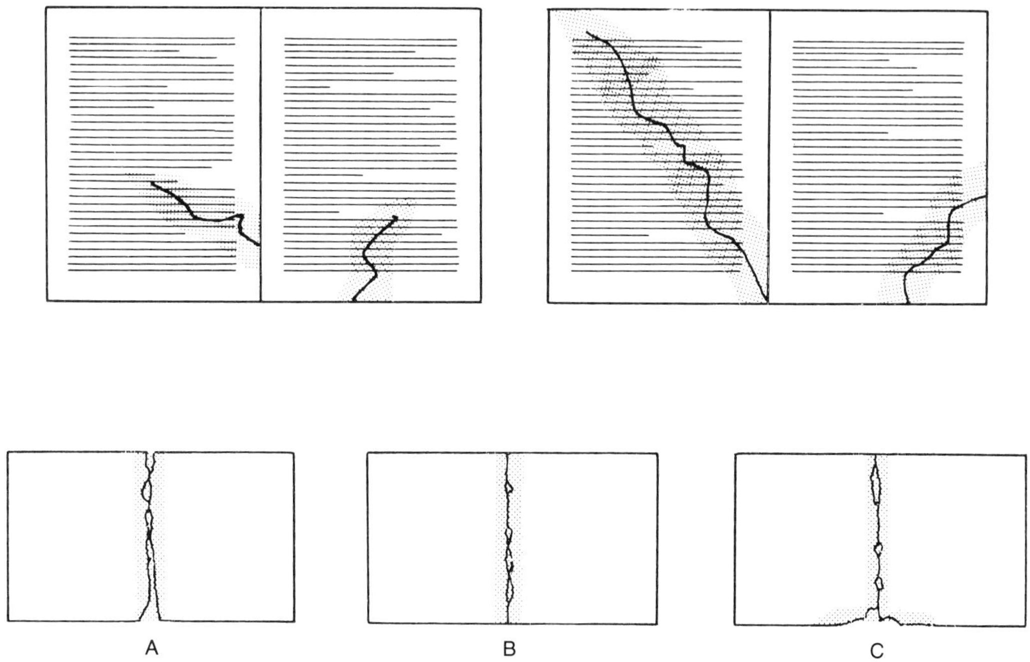

Abb. 20: Das Anbringen von Reparaturstreifen.

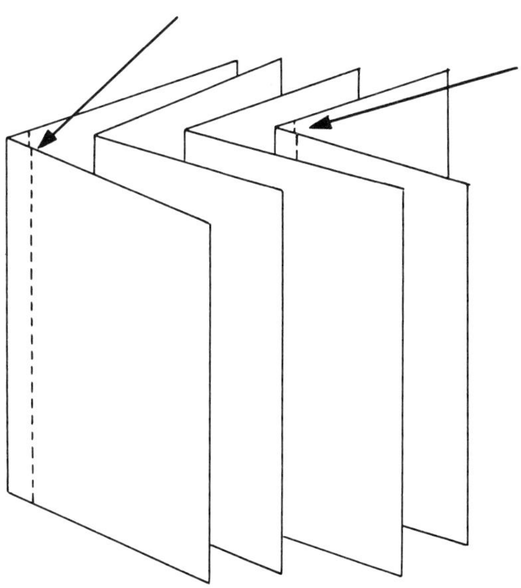

Abb. 21: Die Pfeile zeigen, wo die Reparaturstreifen aufgeklebt werden.

Material und Reparaturwerkzeug:

- Eine Anzahl dünner Papierstreifen, etwa 1,5 cm breit und ebenso lang wie der Rücken der Lagen. Durchschlagpapier (40 g) ist zu diesem Zweck sehr geeignet und in jedem Bürobedarfsgeschäft erhältlich.
- Kleister (kein Gluton oder ähnliches) und ein Pinsel. Der Kleister muß eventuell mit Wasser verdünnt werden, bis er etwa so dickflüssig wie Joghurt ist.
- Eine gute Schere.
- Je nach Art der Beschädigung des vorliegenden Buches zusätzlich etwas Papier, das noch dünner als die Papierstreifen ist, z.B. Zigarettenpapier oder Japanisches Seidenpapier.
- Ein Stahllineal von 50 cm Länge.

Wichtiger Hinweis: Jede Papiersorte hat eine Faser- oder Laufrichtung, wie dies bei Textilien auch der Fall ist. Die Laufrichtung muß unter allen Umständen berücksichtigt werden, da sich das Papier sonst, nachdem der Kleister eingetrocknet ist, verzieht oder wellt. Die Streifen des Reparaturpapiers müssen so geschnitten werden, daß die Laufrichtung parallel zum Buchrücken liegt.

Um die Laufrichtung festzustellen, zieht man zwischen Daumen- und Zeigefingernagel einen scharfen Kniff in das zu prüfende Papier. In der Laufrichtung bleibt dieser Bruch glatt, in der Querrichtung jedoch wird er wellig. Eine andere Möglichkeit besteht darin, das Papier »aus dem lockeren Handgelenk« einzureißen, ohne es vorher zu falten. Wie auf **Abb. 19** deutlich zu sehen ist, bleibt der Riß in der Laufrichtung einigermaßen gerade, in der Querrichtung aber nicht.

Beim Reparieren geht man folgendermaßen vor:

Risse oder Löcher im Papier, die den Rücken nicht berühren, können mit abgerissenen Papierstücken des dünnen Japanpapiers beklebt werden. Das Kleben wird vorzugsweise an der Innenseite vorgenommen. Auch wenn der Riß durch den Text läuft, ist dies kein Hindernis, da der Text aufgrund der geringen Papierstärke doch gut sichtbar bleibt. Gerade dadurch, daß das Seidenpapier gerissen und nicht geschnitten wird, kann die Reparatur nahezu unsichtbar bleiben.

Bei längeren Rissen muß man vorsichtig zu Werke gehen. Zu große Stücke des dünnen Papiers werden, wenn sie erst einmal mit Kleister versehen sind, recht unhandlich. In derartigen Fällen ist zu empfehlen, den Riß in zwei oder drei Abschnitten zu behandeln (siehe **Abb. 20**).

Das Reparieren der Lagen (Rücken)

Hierfür werden Papierstreifen (40 g, 1,5 cm Breite) benötigt. Wir gehen davon aus, daß das von Leim- und Zwirnresten gesäuberte Buch anschließend neu geheftet werden soll. Darum müssen die Rükken der Lagen erst wieder in den dafür geeigneten Zustand versetzt werden. Wenn wir voraussetzen, daß die üblichen Lagen 8 Blätter bzw. 16 Seiten umfassen, zeigt **Abb. 20,** wie wir vorgehen müssen. Sowohl bei **A** und **B** als auch bei **C** wurde ein Reparaturstreifen von 40 g starkem Papier angebracht. Bei **C** ist bereits vorher unten eine Reparatur mit dünnerem Papier vorgenommen worden.

Wenn von 4 doppelten Blättern per Lage ausgegangen wird, müssen die folgenden Regeln beachtet werden:

1. Wenn es nicht unbedingt notwendig ist, wird nicht repariert. Dies gilt z.B. für die Heftlöcher im Rücken, die selbst, wenn sie einigermaßen vergrößert sind, nicht immer bzw. nicht alle überklebt werden müssen.

2. Vorzugsweise werden nur die äußeren Blätter repariert, also die Seiten $^{1}/_{2}$ und $^{15}/_{16}$ und evtl. auch die mittleren Blätter der Lage, also $^{7}/_{8}$ und $^{9}/_{10}$, sofern dies erforderlich ist. Das gleiche gilt auch für alle weiteren Lagen (siehe **Abb. 21**). Das Bestreben, so wenig wie möglich zu reparieren, beruht auf der Tatsache, daß ja der Rücken hierdurch immer dikker wird. Ein Buch, bei dem jedes Doppelblatt der Lagen mit einem Streifen verstärkt worden ist, wird im Rücken zweimal so dick wie am Vorderschnitt. So ein verdorbenes Buch bezeichnen die Fachleute als »Gurke«, und diese Bezeichnung ist bestimmt kein Kompliment.

3. Es verdient besondere Beachtung, daß die Reparaturstreifen nur auf die Innenseite der Doppelblätter der Lagen geklebt werden dürfen und dies, wie bereits unter **2.** gesagt, möglichst nur bei den äußeren und mittleren Blättern der Lagen. Andere Blätter werden nur repariert, wenn es sich nicht umgehen läßt, und auch dann möglichst nicht über die gesamte Länge.

Wenn das Auseinandernehmen, Säubern und Reparieren in der beschriebenen Weise durchgeführt worden ist, fehlt nur noch ein Arbeitsgang, bevor wir mit dem Heften beginnen können. Nachdem wir uns nochmals davon überzeugt haben, daß die Lagen in der richtigen Reihenfolge liegen, stoßen wir den reparierten Buchblock gleich und pressen ihn dann einige Stunden (z.B. unter einigen schweren Büchern). Besser noch ist die Verwendung eines Schraubstockes oder einer Buchbinderpresse, sofern diese Geräte zur Verfügung stehen. Beim Gleichstoßen des Buchblockes muß immer vom Kopf des Buches ausgegangen werden. Als nächstes wird auf den Rücken geachtet, aber der Kopf bleibt »Nummer eins«. Auch im weiteren Verlauf des Textes werden wir noch verschiedentlich darauf zurückkommen: Der Kopf ist die Anlegebasis. Der Buchblock wird nun kräftig, aber nicht übertrieben stark gepreßt.

Die Entfernung von Flecken

Am besten entfernt man Flecke mit etwas Watte oder Verbandmull, die man mit einer der unten auf-

geführten Lösungen befeuchtet. Es darf dabei nicht zu feucht gearbeitet werden, da sonst die Gefahr besteht, daß sich das Papier wellt.
(Die Lösungsmittelrezepturen wurden übernommen aus »Rezepturen für Restaurateure« von J.R. Sterken aus Arnheim.)

Kugelschreiberflüssigkeit:
Mit einer Mischung aus Alkohol und Äther im Verhältnis 3:1 behandeln. Vor Gebrauch schütteln!

Blut- und Kaffeeflecke:
Den Fleck mit einer 3%igen Wasserstoffsuperoxydlösung betupfen.

Entfernung von Cellophan-Klebestreifen:
Cellophan-Klebestreifen lassen sich mühelos entfernen, indem man sie mit Aceton behandelt.

Druckerschwärze:
Bei Flecken, die durch Druckerschwärze entstanden sind, den Text mit Terpentin und 96%igem Alkohol im Verhältnis 1:1 bestreichen.

Tintenflecke:
Mit einer 10%igen Zitronensäurelösung satt bestreichen.
Bei hartnäckigen Flecken muß man die Prozedur möglicherweise wiederholen.

Das Heften

Material und Werkzeug:

- Buchbinderzwirn Nr. 20 oder 25 (eventuell normaler Zwirn)
- Buchbindernadel (eventuell Stopfnadel)
- Flachsschnur (dreifach gezwirnt)
- 2 cm breites Gazeband
- Heftlade*
- Schere
- »Herz«*
- Buchpresse*
- Stahlbügelsäge mit schmalem Sägeblatt
- Kleister und Pinsel
- Vorsatzpapier
- Preßbretter*

*Hinweise zur Herstellung dieser Teile finden Sie in dem Kapitel »Materialien und Werkzeuge«.

Zum Heften der Bücher stehen uns verschiedene Methoden zur Verfügung, die alle in diesem Kapitel besprochen werden sollen.

Zunächst aber kehren wir zurück zu dem Buch, das nun gesäubert und repariert darauf wartet, geheftet zu werden. Wenn die bisherigen Arbeiten gut gelungen sind, sieht es so aus, wie es **Abb. 22** zeigt.
Für ein durchschnittliches Buch (Oktav-Format, 200 bis 300 Seiten) kommen zwei Arten der Heftung in Frage, nämlich:

a) Die Heftung auf Bändern (Gazeband) oder

b) die Heftung auf Flachsschnur.

Das Band bzw. die Schnur dient als Scharnier, auf dem sich die Lagen um die Rückenachse drehen. Ob auf Band oder Schnur geheftet werden soll, ist von verschiedenen Faktoren abhängig.
Als Faustregel gilt: Bücher, die sich besonders gut aufschlagen lassen müssen wie z.B. Partituren, heftet man auf Bänder; auf Schnur hingegen werden Bücher mit vielen dünnen Lagen geheftet, wie z.B. Zeitschriftenjahrgänge.

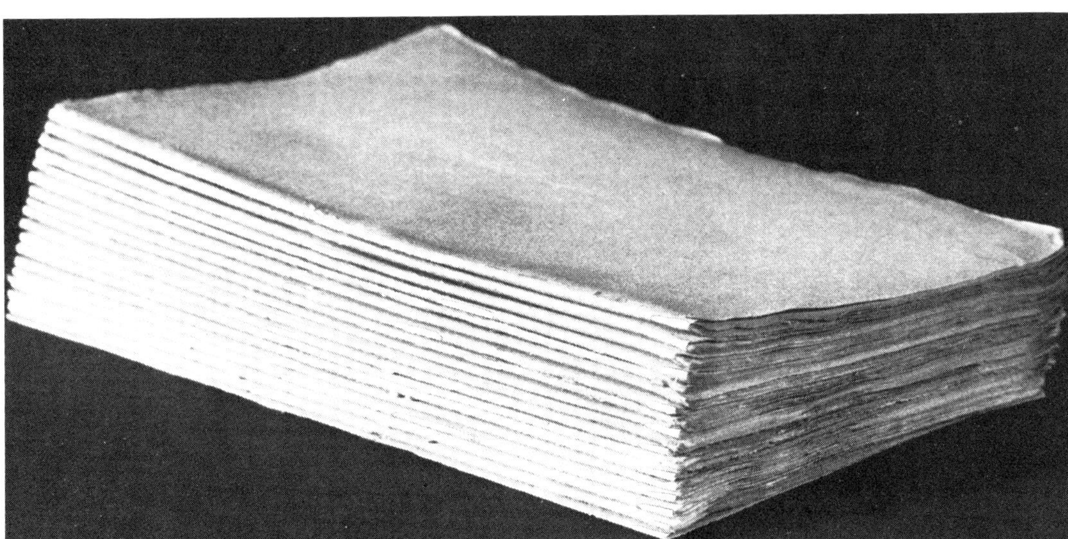

Abb. 22: Ein reparierter Stapel Lagen.

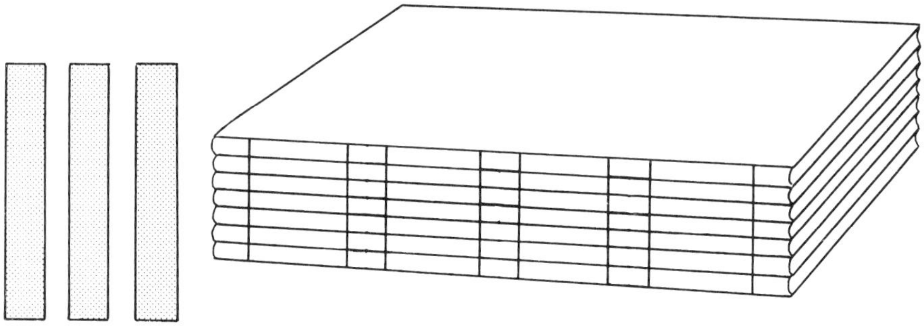

Abb. 23: Der angezeichnete Rücken und die Bänder.

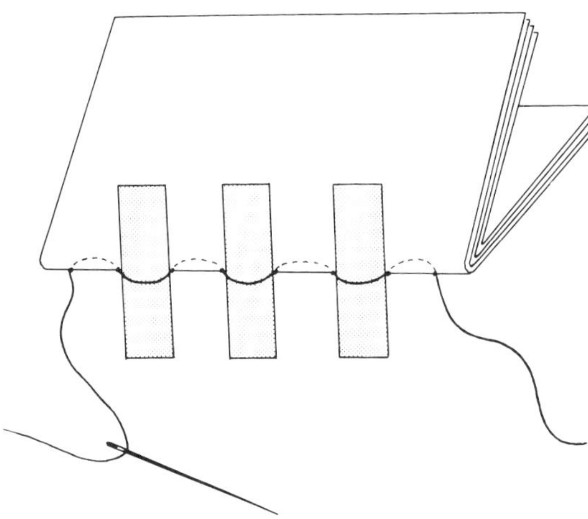

Abb. 24: Der Verlauf des Heftfadens in der ersten zu heftenden Lage.

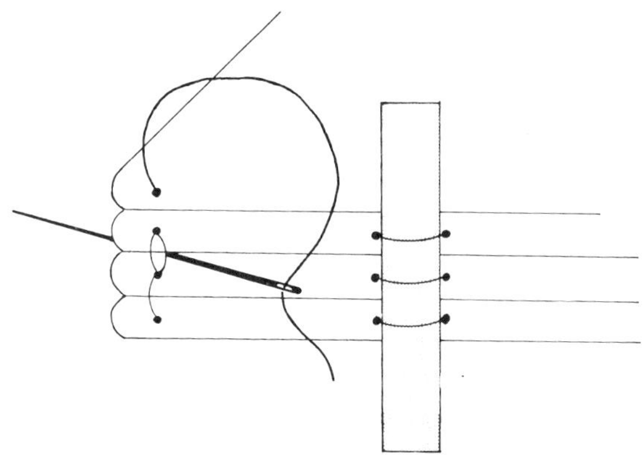

Abb. 25: So wird der Kesselstich gelegt.

Die Heftung auf Schnur bietet gegenüber dem Heften auf Band Vorteile. Die wesentlichsten sind: Der Rücken kann glatter abgearbeitet werden, das Buch kann »eingefalzt« werden (dies wird später besprochen) und – die Arbeit geht schneller. Ein Nachteil dieser Heftung ist (zumindest in diesem Stadium), daß wir eine Heftlade benötigen, wogegen das Heften auf Bändern frei aus der Hand vorgenommen werden kann. Es ist auch etwas schwieriger, auf Schnur zu heften als auf Bänder.

Das Heften auf Bändern

Wir schneiden uns drei Stücke Band ab, von denen jedes die Länge der Buchrückenstärke plus 6 cm haben muß. Auf dem Rücken des zu heftenden Buches werden mit Bleistiftstrichen die für die Bänder bestimmten Stellen angezeichnet. Zu diesem Zweck darf weder Tinte noch Kugelschreiber benutzt werden. Diese Schreibflüssigkeiten könnten später durch den Leim Flecke verursachen!
Neben den Bleistiftstrichen für die Bänder zeichnen wir 1,5 cm von Kopf und Schwanz entfernt jeweils noch einen einzelnen Strich. Damit markie-

ren wir die Stellen, wo die Nadel in die Lage gestochen wird bzw. sie verläßt (den sog. Fitzbund) (siehe auch **Abb. 23**).
Nun wird nach folgendem Schema gearbeitet: Wir drehen den Buchblock um, so daß die letzte Seite der untersten Lage obenauf liegt. Dann legen wir die drei Bänder nebeneinander auf den Rand eines Tisches. Jetzt wird die nunmehr oberste Lage vom Stapel genommen, umgedreht und so auf die Bänder gelegt, daß sich diese innerhalb der Bleistiftlinien befinden. Die Lage wird in der Mitte aufgeschlagen und mit einer Hand kräftig auf den Tisch gedrückt. Die andere Hand hält Nadel und Faden bereit, wobei der Faden nicht zu lang sein sollte. Jetzt stechen wir die Nadel auf dem Bleistiftstrich ein, der 1,5 cm vom Schwanz entfernt ist. Kurz vor dem ersten Band führen wir die Nadel wieder von innen nach außen und stechen an der anderen Seite des Bandes erneut nach innen. Diesen Vorgang wiederholen wir in der gleichen Weise bei den beiden anderen Bändern, bevor die Nadel die Lage bei dem Bleistiftstrich, der 1,5 cm vom Kopf entfernt ist, verläßt. Der Faden wird also immer außen um die Bänder herumgeführt (siehe **Abb. 24**).
Dann nehmen wir die nächste Lage und legen sie in der richtigen Reihenfolge auf die erste. Es ist wichtig, immer die Reihenfolge zu beachten! Nun wird in entgegengesetzter Richtung von hinten nach vorn geheftet. Die Arbeitsweise bleibt die gleiche, nur stechen wir die Nadel jetzt beim Kopf ein und kommen beim Schwanz wieder heraus. Der Faden wird gut angezogen und das lose Fadenende stramm mit dem Rest des Fadens verknotet. Damit sind zwei Lagen fest miteinander verbunden.
Die Arbeitsweise ist bei den folgenden Lagen dieselbe, nur legen wir jetzt keinen Knoten mehr an Kopf bzw. Schwanz der Lagen, wie wir es bei den beiden ersten getan haben, sondern befestigen den Faden mit einem sog. Kesselstich. Wenn die Nadel die dritte Lage am Kopf verlassen hat, wird der Faden kräftig angezogen. Das muß behutsam und immer parallel zum Rücken geschehen, denn wenn man senkrecht zum Rücken zieht, besteht die Gefahr des Einreißens. Dann stechen wir die Nadel kurz vor dem Faden am Kopf schräg auf den Kopf zu zwischen die zweite und erste Lage und ziehen den Faden vorsichtig an. Hierdurch bildet er eine Schlinge um den Faden der zweiten und ersten Lage. Das ist der Kesselstich (siehe **Abb. 25**, Fitzbund).
Jetzt kommt die folgende Lage an die Reihe. Wieder befestigen wir mit dem Kesselstich, aber diesmal am Schwanz. Dabei achten wir darauf, daß der Faden jedesmal gut angezogen wird. Wir vergessen vor allem auch beim Heften nicht, daß der Buchkopf die Anlegebasis ist, d.h. daß wir uns beim senkrechten Aufstapeln der Lagen immer nach dem Kopf ausrichten müssen.
Die Nadel darf nicht durch die Bänder gestochen werden. Wenn das Buch fertig geheftet ist, müssen die Bänder zwischen den Fäden frei hin und hergeschoben werden können.

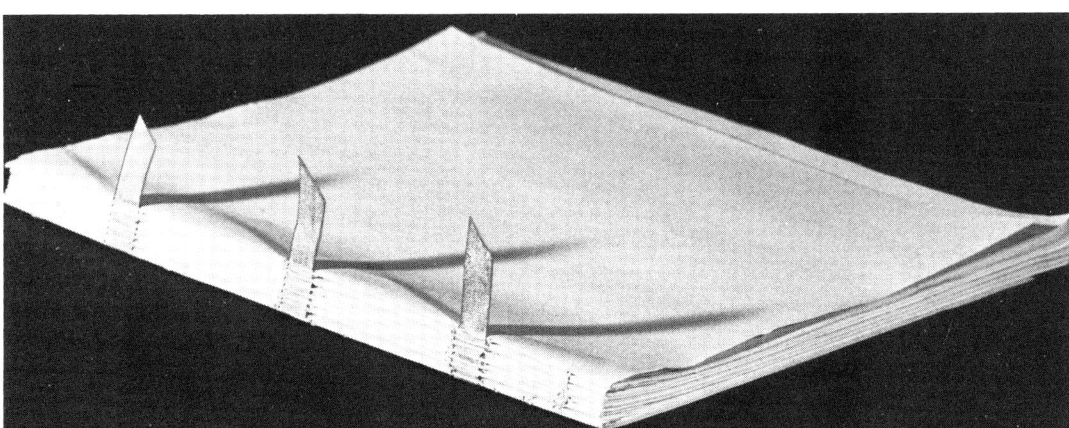

Abb. 26: Ein gehefteter Buchblock mit schräg abgeschnittenen Bändern.

Wie wird ein neuer Faden am alten befestigt, wenn dieser zu kurz geworden ist?
Das geschieht weder mit einem normalen noch mit einem Weberknoten, sondern auf die folgende Weise: Wir ziehen das Reststück des alten Fadens aus dem Nadelöhr und fädeln einen neuen Faden von etwa 30 cm Länge ein. Dann nehmen wir das Ende des alten und das des neuen Fadens und legen beide Enden zusammen einmal um die Nadelspitze herum. Danach ziehen wir Nadel und Faden ganz durch die gebildete Schlinge hindurch, und schon sind beide Enden verbunden. Diese Art des Verknotens hat den Vorteil, daß sich ein kegelförmiger Knoten bildet, der die wenigen Löcher, durch die er noch gezogen werden muß, nicht unnötig vergrößert. Mit einiger Übung kann man ziemlich genau bestimmen, wohin der Knoten kommt. Das ist wichtig, weil der Knoten in der Regel (mit Ausnahme von Partituren) innerhalb der Lage sitzen soll (siehe »Das Einbinden von Partituren«).

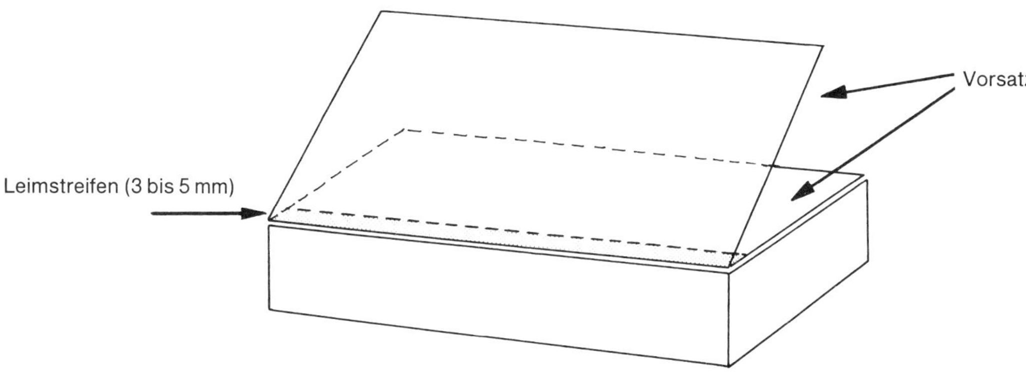

Abb. 27: Die Stelle des Leimstreifens.

Die Bänder ragen dann an jeder Seite 3 cm über den Rücken hinaus. Diese Enden werden abgeschrägt (siehe **Abb. 26**).
Jetzt müssen die Vorsätze noch angebracht werden. Es gibt im Fachhandel ein besonderes Vorsatzpapier, aber im Prinzip ist jede kräftige Papiersorte brauchbar. Am besten schaut man einmal nach, was in anderen Büchern verwendet wurde.
Es werden zwei doppelte Bögen benötigt, die die gleiche Größe wie die Buchseiten haben müssen. Auf die Laufrichtung des Papiers ist zu achten.
Die Vorsätze werden mit einem schmalen Kleisterstreifen (3-5 mm) vor den Buchblock geklebt. Auf **Abb. 27** ist das deutlich zu sehen. Um einen geraden, sauberen Kleisterstreifen zu erhalten, legt man die beiden Vorsätze an der Tischkante übereinander. Dabei muß das untere Vorsatz 3-5 mm vorstehen und das obere 3-5 mm vom Bruch entfernt mit einem Bogen Abfallpapier abgedeckt werden. Dann werden beide Bögen in einem Arbeitsgang angeschmiert (verkleistert, »anschmieren« sagt der Buchbinder). Mit dem Anbringen der Vorsätze ist das Heften beendet. Die weiteren Tätigkeiten werden im Kapitel »Das Abarbeiten des Buch-

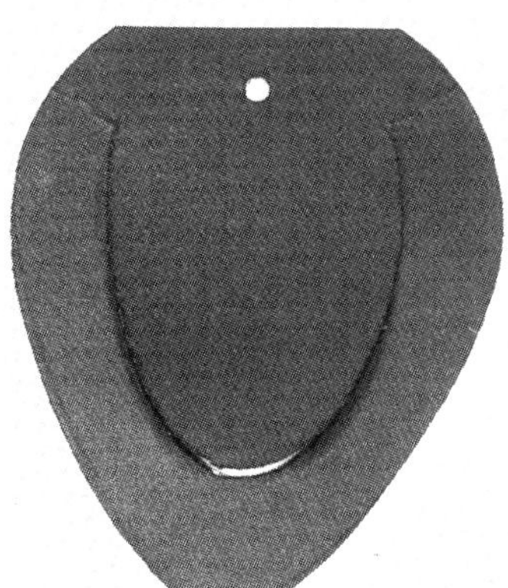

Abb. 28: Das »Herz«

blocks« und den darauf folgenden Kapiteln beschrieben.
In diesem Kapitel wollen wir zunächst die zweite Art des Heftens besprechen.

Das Heften auf Schnur

Anstelle von Bändern ist es auch möglich, die Scharnierbewegung des Buchrückens durch Flachsschnur zu erreichen. Wie sich im einzelnen noch zeigen wird, bietet die Heftung auf Schnur in bestimmten Fällen Vorteile gegenüber der besprochenen Heftung auf Bändern. Wir benötigen aber hierfür nun neben der Flachsschnur eine Heftlade und ein sog. »Herz« (siehe **Abb. 28**), beides Geräte, die sich sehr leicht selbst herstellen lassen.
Beim Heften auf Schnur geschieht im Prinzip nichts anderes, als daß wir die Bänder durch Flachsschnur ersetzen. Die Zahl der Schnüre ist vom Umfang des Buches abhängig. Am gebräuchlichsten ist das Heften auf 3 Schnüren, aber bei sehr schweren Büchern werden auch 4 oder sogar 5 Schnüre verwendet.
Die Art und Weise der Heftung unterscheidet sich von der zuvor bei der Heftung auf Bändern be-

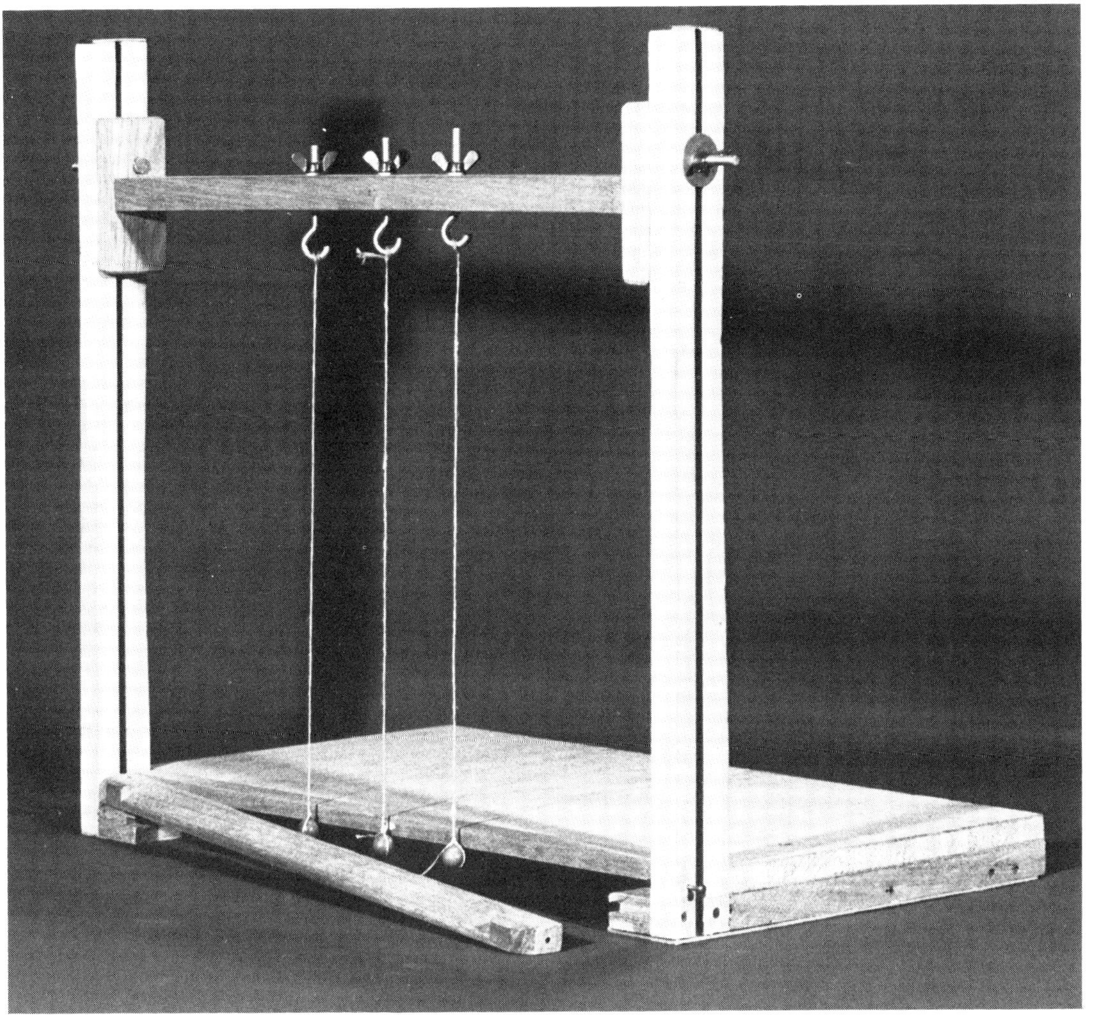

Abb. 29: Eine Heftlade, die man selbst herstellen kann.

schriebenen. Sie bietet außerdem mehr Möglichkeiten. Auf **Abb. 29** ist deutlich zu sehen, daß 3 Schnüre in der Heftlade eingespannt sind. Der Abstand zwischen den Schnüren ist vorher auf dem Buchrücken festgelegt worden (siehe nächster Abschnitt »Einsägen«). Auch beim Heften auf Schnüren müssen 1,5 cm von Kopf und Schwanz entfernt Heftlöcher für die Kesselstiche berücksichtigt werden. Es ist von der jeweiligen Art der Konstruktion abhängig, wie die Schnüre in der Heftlade gespannt werden. Dabei sind die verschiedensten Improvisationen möglich. Die Hauptsache ist, daß uns drei senkrecht gespannte Schnüre zur Verfügung stehen, die, jede für sich, die gleiche Spannung haben und auch behalten müssen. Am praktischsten ist es, von unten nach oben zu spannen.

Die unteren Enden der Schnüre werden unterhalb des Schlitzes an einem Nagel oder einer Leiste festgeknotet. Oben befestigen wir die Schnüre am besten an verstellbaren Haken oder Schraubringen. Vorn muß die Heftlade von oben bis unten zum Einstechen und Durchführen der Nadel freibleiben. Nochmals, es ist nebensächlich, nach welcher Konstruktion man die Heftlade anfertigt, solange die Grundbedingungen beachtet werden, nämlich: gut gespannte Heftschnüre und freier Raum zum Heften. Es ist sogar möglich, sich eine behelfsmäßige Heftlade anzufertigen, indem man drei Holzleisten in der Form eines Fußballtores auf den Rand eines alten Tisches nagelt. Die Schnüre werden dann zwischen Querlatte und Tischrand gespannt (siehe **Abb. 31**).

Abb. 30: Das Anzeichnen der Bundlinien auf dem Rücken vor dem Einsägen.

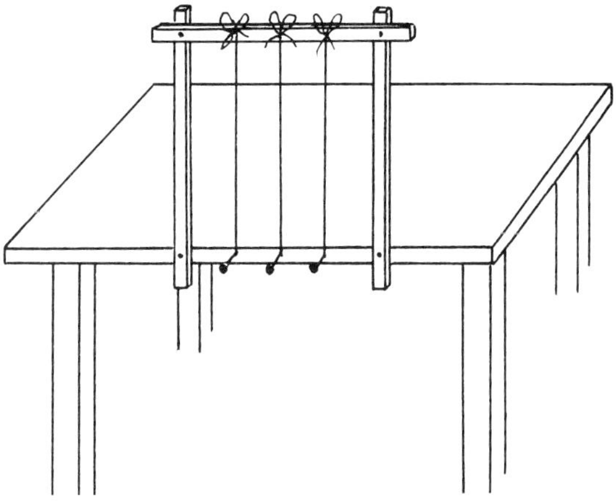

Abb. 31: Eine improvisierte Heftlade auf einem Tisch.

Am angenehmsten arbeitet es sich mit einer Heftlade, deren Oberleiste nach oben und unten verschiebbar ist. Sie sollte zudem mit verstellbaren Ringen oder Haken versehen sein (damit man jede Schnur für sich spannen kann) und an der Vorderseite einen abgeschrägten Fuß haben (siehe Kapitel »Materialien und Werkzeuge«).
Bevor wir mit dem Heften beginnen, müssen wir eine Arbeit vornehmen, die beim Heften auf Bändern nicht erforderlich war. Es handelt sich um das Einsägen des Buchblockes.

Das Einsägen

Die Bänder lagen, wie wir gesehen haben, auf dem Rücken des Buchblockes. Bei Schnüren ist dies nicht der Fall, denn sie werden in den Rücken eingelassen. Um das zu ermöglichen, muß der Buchblock mit Sägeeinschnitten versehen werden, die zum Versenken der Schnüre bestimmt sind. Hierzu werden eine Bügelsäge und zwei Preßbretter benötigt, die als Werkzeuge zu Beginn des Kapitels bereits erwähnt worden sind. Preßbretter sollten in verschiedenen Formaten vorhanden sein (siehe Kapitel »Materialien und Werkzeuge«).
Achtung: Die erste und die letzte Lage des Buchblockes dürfen nicht eingesägt werden. Das ist sehr wichtig! Diese beiden Lagen müssen daher, bevor wir mit dem Einsägen beginnen, zur Seite gelegt werden. Der Rest des Buchblockes wird gleichgestoßen, wobei selbstverständlich der Kopf als Basisfläche dient. Dann kommt er zwischen zwei Preßbretter, deren Format gerade etwas größer als das Buch sein muß. Am Rücken soll der Buchblock 1 bis 2 cm über die Brettkanten hinausragen. Dann werden Bretter und Buchblock in die Buchpresse gesetzt. Wenn keine Buchpresse vorhanden ist, kann man sich auch mit einem Schraubstock oder mit Leimklemmen helfen. Die Hauptsache ist, daß der Buchblock so fest in der jeweiligen Presse eingepreßt ist, daß er sich nicht verschieben kann. Nun markieren wir mit Bleistift die zum Heften notwendigen Bundlinien. Ein Anschlagwinkel kann hierbei gute Dienste tun, da die Linien genau rechtwinklig zum Rücken verlaufen müssen. Es werden benötigt: zwei Linien für den Kesselstich, 1,5 cm vom Kopf bzw. Schwanz entfernt (die sog. Fitzbünde), und drei Linien für die Schnüre (siehe **Abb. 30**). Der Abstand zwischen den Fitzbünden wird nicht regelmäßig, sondern von der Mitte aus auf die Fitzbünde zu (kleiner werdend) in vier Abschnitte unterteilt, wie **Abb. 30** zeigt. Dann werden mit der Bügelsäge auf den Markierungsstrichen die Einschnitte angebracht, die nur so tief sein dürfen, daß die Schnur gerade hineinpaßt (siehe **Abb. 33**). Die Sägeeinschnitte für die Kesselstiche (Fitzbünde) werden am besten mit einer sehr feinen Säge ausgeführt, weil das Heftgarn trotz der Verdickungen durch die Kesselstiche doch dünner als die Schnüre ist. Wer keine feine Säge zur Hand hat, kann die Einschnitte auch mit einem Brotmesser mit Wellenschliff ausführen.

Das Heften auf der Heftlade

Bevor wir die unterste, nicht eingesägte Lage hinter die Schnüre legen, zeichnen wir mit Bleistift die Stellen der Sägeeinschnitte darauf an. Wie beim Heften auf Bändern wird die Nadel nun auf der

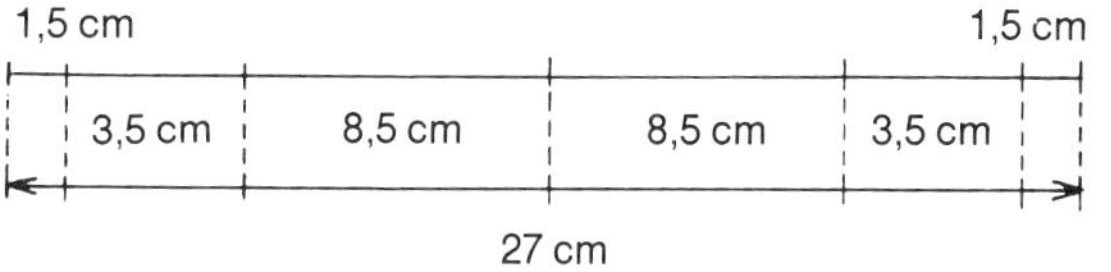

Abb. 32: Einteilung der Sägeeinschnitte auf dem Rücken eines Buchblockes im Quartformat (27 cm). Bei kleineren Büchern ändert sich das Verhältnis der Einteilung dementsprechend.

Abb. 33: Das Einsägen des Buchblockes.

Abb. 34: Das Heften auf der Heftlade.

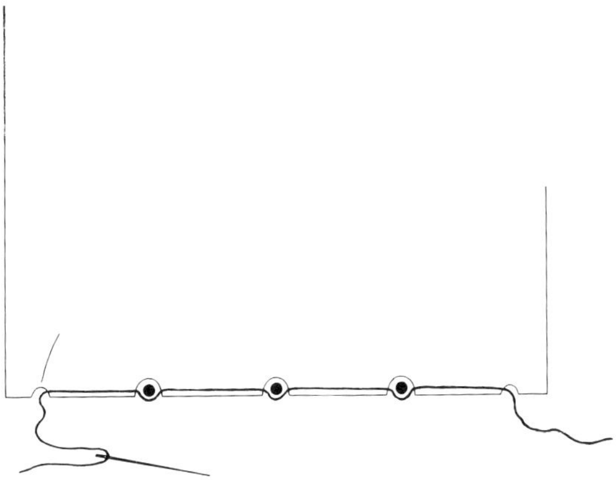

Abb. 35: Der Fadenverlauf bei der Schnurheftung.

Stelle des Schwanzkesselstichs von außen nach innen eingestochen. Kurz vor der ersten Schnur kommt sie wieder zum Vorschein und wird hinter der Schnur erneut nach innen geführt. Der Faden läuft also auch hier um die Schnur herum, genau wie er beim Heften auf Bändern um die Bänder herumgelegt wurde (siehe **Abb. 34**). Auf keinen Fall darf durch die Schnur hindurchgestochen werden. Wenn das Buch vollständig geheftet ist, sollen sich die Schnüre hinter dem Heftgarn nach oben und unten frei verschieben lassen.

Bei der zweiten und den folgenden Lagen erleichtern die Sägeeinschnitte das Ein- und Ausstechen erheblich. Die Nadel bewegt sich im Sägeeinschnitt um die Schnur herum. Auf **Abb. 35** ist dies schematisch dargestellt.

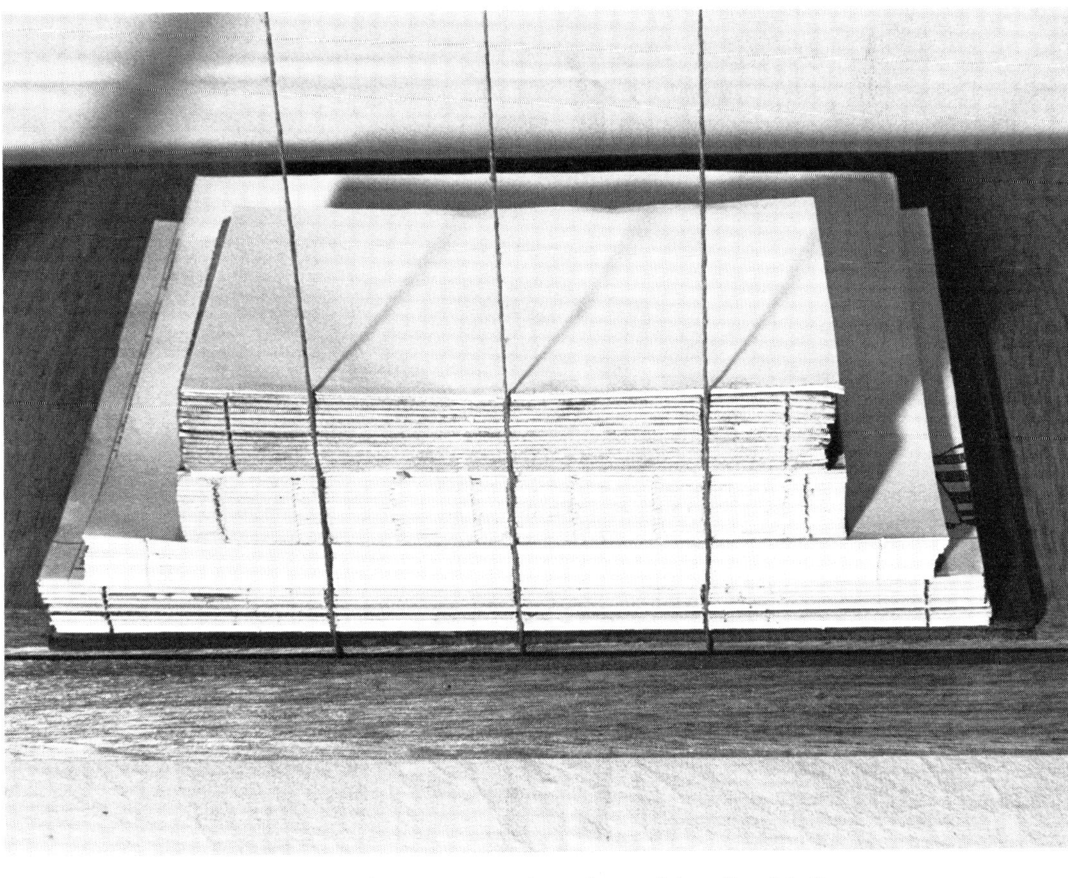

Abb. 36: Das Heften mehrerer Bücher auf ein und denselben Schnüren.

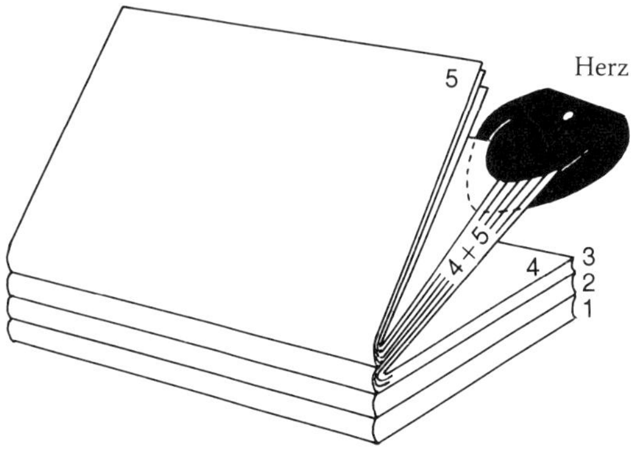

Abb. 37: So wird das »Herz« angebracht.

Das Heften von mehreren Büchern auf den gleichen Spannschnüren

Es ist ohne weiteres möglich, nach dem ersten Buchblock noch ein oder mehrere Exemplare auf den gleichen Schnüren zu heften (siehe **Abb. 36**). Allerdings sollten die einzelnen Blöcke durch ein herausragendes Blatt Papier kenntlich gemacht werden. Außerdem muß man natürlich für jedes Buch genügend Schnur einkalkulieren. Man benötigt pro Buchblock, genau wie bei den Bändern, 3 cm Schnur an jeder Seite des Rückens.

Das Heften zweier Lagen zugleich

Bis jetzt sind wir davon ausgegangen, daß beim Heften der Lagen in der mit Schnüren bespannten Heftlade nach dem gleichen Prinzip gearbeitet wird wie beim Heften auf Bändern aus der Hand. Hierbei beziehen wir uns vor allem darauf, daß sich der Zwirn im Bruch jeder Lage eines gehefteten Buchblockes über die gesamte Rückenlänge erstreckt, nur unterbrochen von den Stellen, an denen der Heftfaden um die Bänder bzw. Schnüre herumgeführt worden ist.

Solange man es mit sog. volumigen Papier zu tun hat, ist diese Arbeitsweise richtig. Der durch die

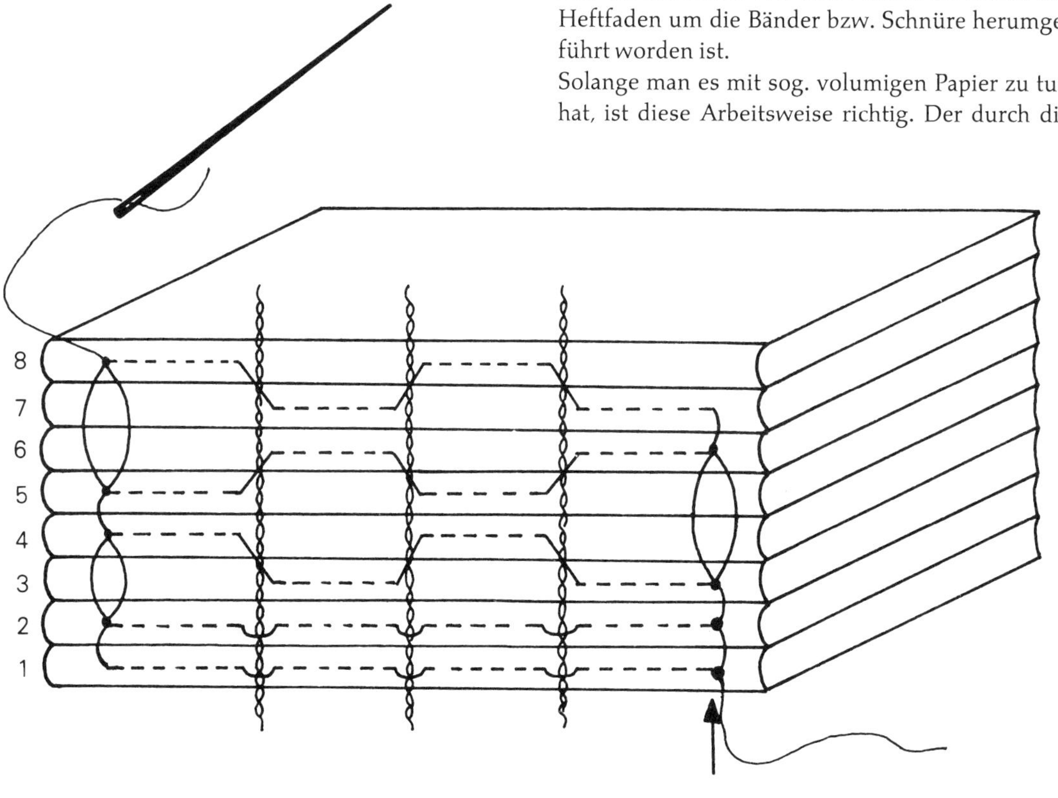

Abb. 38: Der Fadenlauf, wenn zwei Lagen zugleich geheftet werden. Die Kesselstiche liegen zwischen den Lagen: 4 und 2 am Kopf, 6 und 3 am Schwanz, 8 und 5 am Kopf usw.

Zusammensetzung solcher Papiersorten bewirkte luftige, löschpapierartige Charakter sorgt dafür, daß der Zwirn im wahrsten Sinne des Wortes »eingebettet« wird und keine Steigung im Bruch der Lagen und damit im Rücken des Buches verursacht. Bei glatteren Papiersorten aber und bei Büchern, die dicker als etwa 3,5 cm sind, ist es besser, zwei Lagen zugleich zu heften. Das bedeutet, daß zwischen Kopf- und Schwanz jeder Lage nur die Hälfte der Zwirnlänge liegt. Diese Art der Heftung wird folgendermaßen ausgeführt: Man heftet die ersten zwei Lagen auf die gewohnte Weise. Das gleiche gilt auch für die zwei letzten Lagen. Nachdem wir die dritte Lage aufgelegt haben, heften wir diese bis vor die erste Spannschnur, wobei wir von 3 Spannschnüren ausgehen. Die Nadel befindet sich jetzt außerhalb der Lage. Dann lassen wir die freie Hand in der aufgeschlagenen Lage liegen, legen die Nadel ab und fügen mit der Hand, welche die Nadel geführt hat, die vierte Lage hinzu. Nachdem wir diese aufgeschlagen haben, stecken wir das »Herz« so auf die rechte untere Ecke, daß es die obere Hälfte der dritten und die untere Hälfte der vierten Lage zusammenhält (siehe **Abb. 37**).

Nun kann die Hand aus der dritten Lage genommen und in die vierte gelegt werden. Wir nehmen die Nadel auf, stechen sie in die obenliegende vierte Lage und lassen sie vor der mittlersten Spannschnur wieder heraustreten. Dann öffnen wir durch einfaches Anheben des »Herzens« die dritte Lage, kommen mit der freien Hand zu Hilfe und ziehen die Nadel mit dem Faden hier nach der mittlersten Spannschnur nach innen. Vor der letzten Spannschnur lassen wir sie wieder nach außen treten. Jetzt wird die Hand zurück in die vierte Lage gelegt und die Nadel, nachdem wir sie um die letzte Spannschnur geführt haben, erneut in die vierte Lage eingestochen, wo sie durch den sog. Fitzbund wieder herauskommt. Beim ersten Mal wird der Kesselstich noch auf die normale Weise ausgeführt, danach aber muß die Nadel jeweils zwei Lagen tiefer eingestochen werden, um auf den darunterliegenden Faden zu treffen. Wenn man die so gehefteten Lagen im Bruch miteinander vergleicht, dann sieht man genau, daß der Faden immer von einer Lage auf die andere springt (siehe **Abb. 38**).

Wenn der Buchblock vollkommen geheftet ist, werden die Spannschnüre so abgeschnitten, daß an beiden Seiten des Rückens noch 3 cm übrigbleiben. Abschließend müssen wieder zwei Vorsätze geschnitten und vorn und hinten mit einem schmalen Kleisterstreifen vorgeklebt werden, wie dies bereits behandelt worden ist. Die Schnurenden lassen wir vorläufig hängen. Im nächsten Kapitel wird besprochen, was hiermit zu tun ist.

Das Heften auf Bändern auf der Heftlade

Natürlich kann man auf der Heftlade anstatt auf Schnüren auch auf Bändern heften. Nur müssen dann Vorkehrungen getroffen werden, die es ermöglichen, die Bänder glatt und stramm zu spannen. Das läßt sich am einfachsten dadurch bewerkstelligen, daß man die Bänder oben und unten mit gutem Klebestreifen oder mit Reißzwecken befestigt. Ein Einsägen des Buchblockes erübrigt sich selbstverständlich in diesem Fall.

Das Abarbeiten des Buchblockes

Material und Werkzeug:

- Falzbein
- Kleister
- Leim
- Buchbindermesser (evtl. sog. Teppich- oder Kartonmesser)
- Schneidemaschine
- Preßbretter
- Buchbinderpresse
- Kapitalband
- Schabeisen
- normaler Hammer (mit viereckiger Schlagfläche, nicht rund)

Weitere Informationen über die Selbstanfertigung und/oder den Kauf der obengenannten Werkzeuge sind im Kapitel »Materialien und Werkzeuge« zu finden.

In diesem Kapitel soll besprochen werden, wie ein Buchblock, der auf eine der zuvor beschriebenen Arten geheftet wurde, weiter bearbeitet wird. Obwohl einige der Arbeitsgänge für jede gewünschte Art des Einbandes gleich sind, müssen wir nun doch schon berücksichtigen, welche Form das Buch letztendlich erhalten soll, denn schließlich kann ein mit Band- oder Schnurheftung geheftetes Buch, entsprechend der Übersicht (**Abb. 9**) sowohl »karto-

Abb. 39: Zwei Buchblöcke, einer mit Band- und einer mit Schnurheftung.

Abb. 40: Improvisierter Leimtopf.

niert geschnitten« als auch »kartoniert eingeschlagen« oder »eingebunden« fertiggestellt werden.
Eine der wichtigsten, über die endgültige Form des Buches entscheidenden Bearbeitungen kann den Amateur-Handbuchbinder vor allerlei Probleme stellen. Es handelt sich um das Beschneiden.
Ist es denn überhaupt erforderlich, ein Buch rundum zu beschneiden?–Das kommt darauf an. In den weitaus meisten Fällen wird es uns gut gefallen, wenn Kopf, Schwanz und Vorderschnitt einen schönen, glatten Schnitt haben. Es kann aber auch besonders bei antiquarischen Bänden vorkommen, daß einem Buch gerade durch Unregelmäßigkeiten im Schnitt ein besonderer Reiz verliehen wird.
Da es für jemanden, der sich zum ersten Mal mit dem Handbuchbinden beschäftigt, nicht empfehlenswert ist, gleich mit antiquarischen Büchern zu beginnen, gehen wir hier davon aus, daß mit einem gewöhnlichen Buch gearbeitet wird, das rundum beschnitten werden soll. Die Erfahrung hat gezeigt, daß alle Arbeiten, die dem tatsächlichen Binden vorausgehen (Auseinandernehmen, Reparieren und Heften), fast immer einen unsauberen Schnitt zur Folge haben, auch wenn mit größter Sorgfalt ge-

arbeitet wurde. Normalerweise muß der Buchblock danach beschnitten werden, und wir wollen nun besprechen, wie dieses Problem zu lösen ist.
Der Berufsbuchbinder verfügt meistens über ausgezeichnete Schneidemaschinen, mit denen er dikke und sogar sehr dicke Bücher hervorragend beschneiden kann (auch wenn die Schnittkorrektur nur 1 mm beträgt). Muß sich der Amateur, dem es letzten Endes darauf ankommt, gute handwerkliche Arbeit zu leisten, nun gleich eine solch teure Maschine anschaffen? – Nicht unbedingt, es gibt auch andere Lösungen. Am einfachsten ist es natürlich, wenn man sich zunächst in der näheren Umgebung nach einem Betrieb umsieht, in dem es eine Schneidemaschine gibt. Vielleicht ist es auch möglich, den Buchblock dort gegen Bezahlung beschneiden zu lassen. Für diesen Fall sollte man sich aber unbedingt erst anhand des weiteren Textes darüber informieren, in welchem Stadium und auf welche Art er beschnitten werden muß.
Wer sich aber vorgenommen hat, so weit wie möglich auf handwerklicher Ebene zu arbeiten, der möchte vielleicht doch andere Möglichkeiten ausprobieren. Schließlich haben die Buchbinder jahrhundertelang dicke Bücher ohne moderne elektrische Schneidemaschinen beschnitten.
Auf keinen Fall sollte man versuchen, ein Buch aus der Hand an einem Stahllineal entlang zu beschneiden. Selbst wenn man das Lineal mit Leimklemmen festsetzt, wird es nicht glücken, einen absolut geraden Schnitt auszuführen. Ein Messer, und sei es noch so scharf, hat nun einmal die Neigung, einzuschneiden oder »wegzulaufen«. Das Ergebnis sind schiefe Schnitte. Weil es eine allgemein bekannte Tatsache ist, daß selbst die stärkste Hand mit dem schärfsten Messer nicht in der Lage ist, einen Stapel loser Papierbögen genau und gerade zu beschneiden, haben wir von Anfang an davon abgesehen, Vorschläge für eventuelle Eigenkonstruktionen behelfsmäßiger Schneidemaschinen zu bringen.
Da aber die Buchbinder jahrhundertelang Bücher ohne Maschine beschnitten haben, wollen wir doch eine Möglichkeit beschreiben, wie dieses Problem ohne den Kauf einer teuren Schneidemaschine zu lösen ist.

Die Voraussetzungen sind:

1. Ein Buchblock, der absolut festliegt,
2. Ein Messer, das nicht »weglaufen« kann,
3. Eine befriedigende Schneidestärke des Messers,
4. Moderne Materialien, die käuflich zu erwerben sind.

Einzelheiten hierzu sind in dem Kapitel »Materialien und Werkzeuge« zu finden.
Es ist bereits deutlich geworden, daß in den weitaus meisten Fällen beschnitten werden muß. Ausnahmen sind antiquarische Bücher und manchmal auch Bücher, bei denen handschriftliche Vermerke oder ähnliches auf den Vorsätzen oder am Rand des Textes angebracht worden sind, wodurch nichts mehr zum Abschneiden übrigbleibt. Auf derartige Besonderheiten muß geachtet werden. Für Bücher, die aus irgendeinem Grunde nicht beschnitten werden können, kann nur der Rat gegeben werden, sie so sorgfältig und so fest wie möglich zu heften.
Dem Beschneiden muß in jedem Fall erst ein anderer Arbeitsgang vorausgehen: Wir müssen den Rücken mit einer dünnen Leimschicht bestreichen. Es muß Leim, und zwar heißer Knochenleim sein, kein Kleister. Das ist unbedingt zu beachten. Wir erhitzen den Leim im Wasserbad, das heißt, wir hängen den Leim in einem hitzebeständigen Tiegel in einen größeren Topf, der mit Wasser gefüllt ist. Die Wärmequelle befindet sich unter dem äußeren Topf. **Abb. 40** zeigt ein einfaches Beispiel.
Der Leim soll dünnflüssig (nicht dickflüssiger als Milch z.B.) aufgetragen werden. Es wäre Vergeudung, eine größere Menge Leim so dünn anzusetzen. Unter dem Leimtopf befindet sich ja das warme oder heiße Wasserbad. Also tauchen wir den Pinsel einfach in den Leim und anschließend in das warme Wasser. Das genügt schon zur Verdünnung. Und sollte der Leim doch noch zu dick sein, fügen wir eben noch etwas mehr Wasser hinzu.
Wir haben unseren Buchblock in der Buchpresse oder zwischen Preßbrettern im Schraubstock bereitgelegt. Nun wird der Leim schnell auf den Buchrücken gestrichen und dann mit einer Fingerspitze und dem Falzbein eingerieben. Das Falzbein ist sofort nach dem Gebrauch zu reinigen. Das Anbringen dieser dünnen Leimschicht hat den Zweck, die Bänder oder Schnüre, das Heftzwirn und die Lagen fester miteinander zu verbinden und somit den Rücken zu einem zusammenhängenden Ganzen zu machen. Darum sollen beim Einreiben mit dem

Abb. 41: Der Leim wird mit dem Falzbein eingerieben.

Abb. 42: Das Runden des Rückens.

Falzbein auch die Heftlöcher so weit wie möglich zugestrichen werden (siehe **Abb. 41**).
Es ist unbedingt darauf zu achten, daß die an beiden Seiten des Rückens überstehenden Schnüre bzw. Bänder keinesfalls mit dem Leim in Berührung kommen!
Nach dem Leimen des Rückens muß der Buchblock einige Stunden möglichst beschwert trocknen. Pressen ist jedoch nicht erforderlich.

Das Beschneiden eines Buchblockes

Unabhängig davon, wie der Buchblock beschnitten wird (mit der Handschneidemaschine, der elektrischen Schneidemaschine oder einem selbstangefertigten Handapparat), gibt es einige allgemeingültige Normen, die beachtet werden müssen.

1. Der zu beschneidende Buchblock liegt geheftet und mit Vorsätzen versehen bereit. Der Rücken ist mit dünnem Leim angeschmiert (eingestrichen), den wir einige Stunden haben trocknen lassen. Die an beiden Seiten des Rückens herausragenden Enden des Bandes bzw. der Schnur sind 3 cm lang und hängen frei. Alle Bänder sind schräg abgeschnitten worden.
Die Bänder bzw. Schnüre müssen noch an den Vorsätzen festgeklebt werden, aber das darf keinesfalls vor dem Beschneiden geschehen, da der Rücken sonst nicht mehr gerundet werden kann!

2. Es wird grundsätzlich am Vorderschnitt mit dem Beschneiden des Buches begonnen.

3. Ein Buch, das wir kartoniert beschnitten oder kartoniert eingeschlagen fertigstellen wollen, kann, nachdem wir den Vorderschnitt durchgeführt und die Bänder bzw. Schnüre auf den Vorsätzen mit Kleister befestigt haben, sofort weiter beschnitten werden. Wir müssen nur warten, bis der Kleister getrocknet ist. Ein Buch mit einem runden Rücken dagegen setzt zunächst noch einen anderen Arbeitsgang voraus, nämlich das Runden, das anschließend besprochen wird. Aber auch das Befestigen der Schnüre auf den Vorsätzen macht noch eine besondere Bearbeitung erforderlich, auf die wir nach dem Runden zurückkommen werden.

(Wer den Buchblock bei einer Buchdruckerei oder -binderei beschneiden lassen will, wird wohl etwas improvisieren müssen. Er will ja dort nicht zweimal erscheinen, um zuerst den Vorderschnitt und später Kopf und Schwanz beschneiden zu lassen, nachdem er inzwischen die Bänder bzw. Schnüre auf den Vorsätzen befestigt hat.)

Das Runden

Das Runden muß vorgenommen werden, bevor wir die Bänder bzw. Schnüre auf den Vorsätzen befestigen. Bereits festgeklebte Bänder bzw. Schnüre würden es durch ihre Gegenkraft unmöglich machen, den Rücken noch zu runden.
Zunächst müssen wir prüfen, ob der Buchrücken unter der dünnen Leimschicht nicht zu steif geworden ist. Sollte das der Fall sein, so befeuchten wir den Rücken mit einem nassen Tuch oder Schwamm und lösen dadurch einen Teil des Leimes wieder auf. Ist die Leimschicht weich genug, so nehmen wir den Buchblock in eine Hand, wobei der Daumen auf dem Vorderschnitt liegt, und klopfen vorsichtig mit dem Hammer auf die obere Kante des Rückens. Danach drehen wir den Buchblock um und bearbeiten die andere Kante auf die gleiche Weise. Die Rundung kommt dadurch zustande,

Abb. 43: Das Ausfasern der Schnüre mit Hilfe eines Schabeisens.

Abb. 44: Buchblock mit Schneideschablone.

daß man am Vorderschnitt des Buchblockes zur gleichen Zeit mit dem Daumen einen gewissen Druck ausübt (siehe **Abb. 42**).

Das Runden erfordert ein wenig Geschick und Fingerspitzengefühl. Man schlägt in schräger Richtung von der jeweiligen Kante des Rückens zum Vorderschnitt des Buchblockes, also eigentlich auf sich selbst zu. Es wird mit leichten Schlägen gearbeitet, die keinesfalls den Buchblock selbst treffen dürfen. Als Werkzeug ist ein gewöhnlicher, nicht zu schwerer Hammer mit viereckiger Schlagfläche am besten geeignet. Von runden Hammern oder solchen aus Gummi oder Holz muß abgeraten werden.

Wenn die gewünschte Rundung erreicht ist (man kann evtl. auch noch mit den Händen beibiegen), müssen die Bänder bzw. Schnüre auf den Vorsätzen befestigt werden.

Das Befestigen der Bänder bzw. Schnüre auf den Vorsätzen

1. Die Bänder können ohne weiteres mit etwas Kleister festgeklebt werden. Wir hatten sie ja bereits an den Enden abgeschrägt. Es ist wichtig, den Kleister dabei möglichst sparsam zu verwenden.

2. Die Schnurenden können wir nicht so, wie sie sind, auf die Vorsätze kleben, denn sie müssen erst aufgeschabt werden, bis ihre Enden flach und fächerförmig auslaufen. Zu diesem Zweck benutzen wir das Schabeisen, ein Gerät, das leicht selbst angefertigt werden kann (siehe Kapitel »Materialien und Werkzeuge«).

Wie **Abb. 43** verdeutlicht, wird nun ein Schnurende nach dem anderen in die Einkerbung des Schabeisens geklemmt. Dann streicht man mit der stumpfen Seite eines Messers so lange darüber hin und her, bis es sich in einzelne Fasern auflöst. Nur Flachsschnur bewirkt ein wirklich gut ausgefasertes Ende, das sich schön fächerförmig auf die Vorsätze kleben läßt. Das darf natürlich erst geschehen, wenn alle Schnurenden aufgeschabt sind. Am besten nehmen wir zum Festkleben der Enden etwas Kleister auf den Finger und schmieren damit die Unterseite der Flachsfächer an. Sollte es bei irgendeinem Schnurende einmal nicht glücken, es gut fächerförmig auf das Vorsatz zu bekommen, muß man erneut versuchen, es mit der stumpfen Seite des Messers doch noch in die gewünschte Form zu bringen. Das ist aus zwei Gründen notwendig:

1. Je größer die Klebeoberfläche, desto besser ist die Verbindung.

2. Ein schlecht ausgefächertes Schnurende verursacht Verdickungen unter dem Vorsatz, und das sieht unschön aus!

Das Beschneiden von Kopf und Schwanz

Zuerst müssen wir feststellen, wieviel von unserem Buchblock beschnitten werden kann, ohne daß beispielsweise die Seitennumerierung oder ähnliches versehentlich mit weggeschnitten wird. Wir markieren also mit einem Bleistiftstrich die Stelle, an die der Schnitt fallen soll. Dann fertigen wir zunächst aus einem Stück Pappe eine Schneideschablone an. Es genügt ein Streifen mit einer Breite von 3 bis 4 cm, der in der Länge dem Abstand vom Falz bis zum Vorderschnitt entspricht. Eine derartige Schablone ist notwendig, da der Rücken doch immer etwas dicker als der Vorderschnitt ist. Die Stärke der Schablone muß jeweils anhand dieses Unterschiedes bestimmt werden, der deutlich zu sehen ist, wenn der Druckbalken der Schneidemaschine auf dem Buchblock aufliegt. Im allgemeinen wird eine Stärke von etwa 3 mm ausreichen, wenn es aber erforderlich ist, muß man die Schablone etwas dicker machen.

Die Messer vieler Schneidemaschinen schneiden schräg, und zwar meistens von links nach rechts unten. Es gibt allerdings auch Maschinen, die von rechts nach links schneiden. Der Rücken des Buches wird grundsätzlich in die Richtung gelegt, aus der das Messer ansetzt. Bewegt es sich also von links oben nach rechts unten, so kommt der Rükken nach links. Wenn die Schneideschablone nun die richtige Stärke hat und an der richtigen Stelle, d.h. direkt hinter unserem Markierungsstrich unter dem Druckbalken der Schneidemaschine liegt, dann wird uns ein fehlerloser Schnitt des Buchblockes gelingen, ohne daß die Lagen am Rücken auseinandergedrückt werden. Dieser Gefahr wird nun durch die Schablone und den gegen die Schneiderichtung des Messers liegenden Rücken begegnet (siehe **Abb. 44**).

Die letzten Arbeitsgänge zur Fertigstellung des Rückens

Der Rücken muß jetzt mit einem Streifen aus festem Papier abgearbeitet werden, wofür eventuell das gleiche Material in Frage kommt, das für die Vorsätze verwendet wurde. Auch dünnes Buchbinderleinen eignet sich zu diesem Zweck.
In beiden Fällen ist es wieder wichtig, die Laufrichtung des Papiers oder Leinens zu beachten, was bei dem letzteren besonders einfach ist, da es sich nur in der Laufrichtung gerade abreißen läßt.
Für diese letzten Arbeitsgänge sollte außer dem genannten Papier oder Leinen folgendes **Material und Werkzeug** bereitliegen:

- Kapitalband
- Leim
- Kleister
- ein Falzbein
- eine Schere.

Kapitalband am Rücken ist nicht unbedingt notwendig, aber es wird für gewöhnlich und ganz sicher von Handbuchbindern doch angebracht, da es an Kopf und Schwanz für eine saubere Abarbeitung des Rückens sorgt (siehe **Abb. 14**).

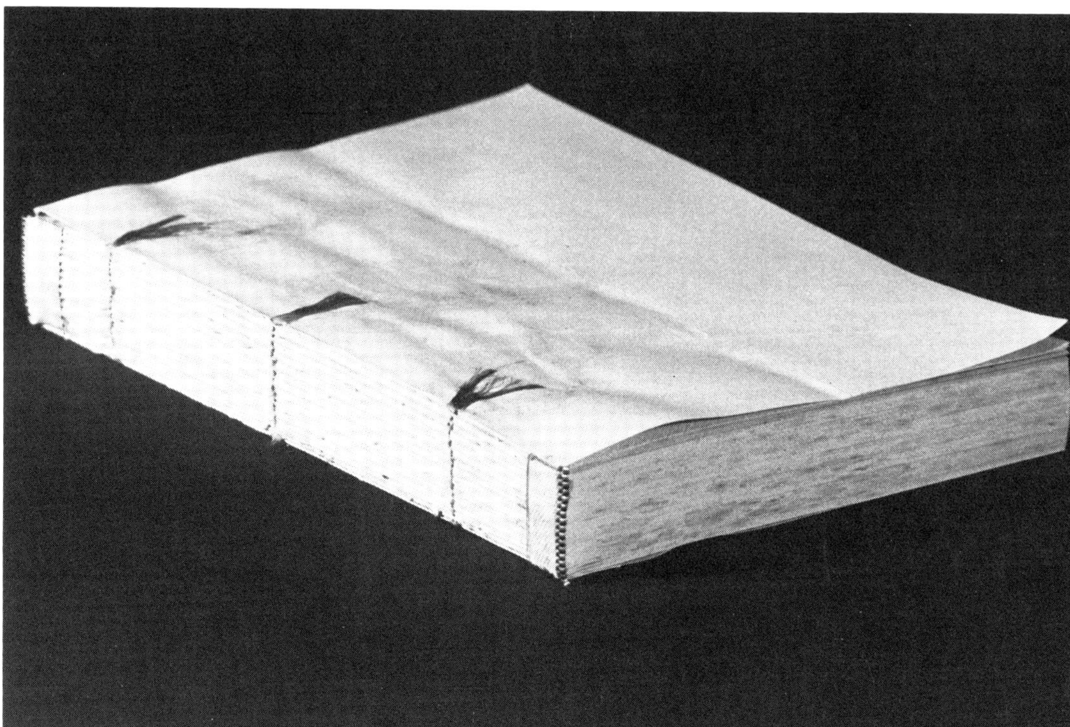

Abb. 45: Der Rücken des Buchblocks mit Kapitalband.

Abb. 46: Der Rücken des Buchblocks mit Kapitalband und Rückeneinlage aus Papier.

Wir schneiden zwei Stücke Kapitalband in der Breite des Rückens, also von Falz zu Falz gemessen, ab, streichen an Kopf- und Schwanzende des Rückens warmen Leim auf (je einen schmalen Streifen) und kleben die Kapitalbandstücke so darauf, daß sie 1 bis 2 mm überstehen. Danach drücken wir sie mit dem Handballen fest an und lassen sie trocknen. In der Zwischenzeit wird aus kräftigem Papier oder dünnem Buchbinderleinen ein Streifen geschnitten. Er soll etwa 0,5 cm kürzer als der Buchrücken sein und in der Breite ungefähr 1 cm über die aufgeklebten Bänder bzw. Schnüre hinausreichen.
Dieser Streifen wird mit Leim und Kleister aufgeklebt. Zunächst streichen wir ihn mit Kleister ein und legen ihn für eine Weile doppelt aufeinander, damit der Kleister etwas durchweicht.
Unterdessen schmieren wir den Buchrücken mit dem heißen Leim an. Die Vorrichtung zum Leimkochen ist auf der **Abbildung 40** zu sehen. Der Leim soll gut streichfähig sein, also weder zu stark verdünnt noch zu dickflüssig. Es ist darauf zu achten, daß die über den Rücken hinausragenden Kapitalbandstücke leimfrei bleiben und daß möglichst nur die für den Papierstreifen bzw. das Leinen bestimmte Stelle bestrichen wird.
Sowie der Leim aufgetragen worden ist, wird der eingeweichte Streifen wieder auseinandergefaltet und auf den Rücken geklebt. Dann drücken wir ihn auf beiden Seiten auf die Vorsätze und reiben ihn mit dem Falzbein gut in den Buchfalz ein. Wenn der Streifen glatt und fest auf dem Rücken des Buchblockes sitzt, ist dieser fertig zum Anbringen des Einbandes. Hiermit werden wir uns im nächsten Kapitel beschäftigen. Jetzt lassen wir den Buchblock unter etwas Druck trocknen. Es genügt, ihn bis an den Buchfalz zwischen zwei Stücke Pappe zu legen und ihn dann mit einem schweren Gegenstand zu belasten.

Das Anbringen der Einbanddecken an ein geheftetes Buch

Material und Werkzeug:

- Pappe
- Marmorpapier
- Buchbinderleinen
- Leim und Wasserbadleimtopf
- Kleister
- Pinsel für Leim und Kleister
- Lappen zum Säubern der Finger und des Werkstückes von Leim und Kleister
- eine Schere
- ein Falzbein
- ein sog. Teppich- oder Kartonmesser, ein Stahllineal
- eine Buchpresse
- Preßbretter und Preßpappe in den gleichen Maßen
- dünner Karton für den Rücken.

Bevor wir über die verschiedenen Bearbeitungsmöglichkeiten sprechen, wollen wir zunächst noch einmal einen Blick auf die Tabelle **Abb. 9** werfen.

Da lesen wir, daß ein Buch broschiert, kartoniert beschnitten, kartoniert eingeschlagen und gebunden fertiggestellt werden kann. In diesem Kapitel werden wir alle Möglichkeiten, ausgenommen die broschierte Ausführung, behandeln.

Das Broschieren ist die einfachste Einbindeart. Da die Anfertigung eines broschierten fast identisch mit der eines in Klebeheftung abgearbeiteten Buches ist, wird das Broschieren im Kapitel über die Klebeheftung besprochen.

In diesem Kapitel behandeln wir die Einbindearten

1. kartoniert beschnitten
2. kartoniert eingeschlagen
3. gebunden.

Übereinstimmende Arbeiten für alle Einbindearten

In jedem Falle benötigen wir zwei Einbanddeckel aus kräftiger Pappe. Um durch unsere Umgangssprache hervorgerufene Irrtümer zu vermeiden: Was vielfach als Karton bezeichnet wird, ist nicht Karton, sondern Pappe. Pappe wird aus Stroh oder Lumpen hergestellt und ist in vielen unterschiedlichen Stärken erhältlich. Für die weitaus meisten Buchformate ist 2 mm die gängigste Stärke. Strohpappe wird immer weniger verwendet. Die meisten Buchbindereien benutzen (die aus Lumpen hergestellte) Graupappe.

Karton ist eine sehr feste dünne, meistens satinierte Pappe, die für Ansichtskarten, Lochkarten usw. gebraucht wird.

In allen erwähnten Fällen müssen die Buchdeckel aus Graupappe oder eventuell aus Strohpappe geschnitten werden. Eine Laufrichtung brauchen wir nicht zu beachten, denn die gibt es bei dieser Pappe nicht. Bei kartonierten Einbänden werden die Pappen so zugeschnitten, daß sie an Kopf, Schwanz und Vorderschnitt mit dem Buchblock übereinstimmen. Am Rücken aber kürzt man sie um 5 mm ein, so daß die Deckelpappen etwas schmaler sind, als das Buch breit ist. Dies geschieht mit Hinblick auf den Rückenfalz, die sog. Ablage.

Geheftete und gebundene Bücher werden mit Pappen versehen, die an Kopf und Schwanz sowie am Vorderschnitt etwas überstehen, im Normalfall 2 bis 3 mm. Auch hier müssen wir wieder die 5 mm Abzug für den Rückenfalz berücksichtigen.

Noch etwas zum Rückenfalz: Allzuoft wird der Abstand für diesen Falz zu knapp bemessen. Weniger als 5 mm darf sie auf keinen Fall betragen. Sie sollte lieber etwas zu groß als zu klein sein, denn letzten Endes spielt der Rückenfalz eine wesentliche Rolle bei der Scharnierbewegung.

Wir fassen zusammen: Für die drei Einbindearten, die anschließend besprochen werden, müssen pro

Buch zwei Einbanddeckel aus Pappe zugeschnitten werden, deren Format von den Maßen des jeweiligen Buches abhängig ist. Hier zwei Beispiele:

1. Ein Buchblock, der kartoniert beschnitten eingebunden werden soll, hat die Maße 12,5 × 18,5 cm. Für dieses Buch werden Pappen in der Größe von 12 × 18,5 cm geschnitten, denn nur die 5 mm für den Rückenfalz werden abgerechnet.

2. Ein Buchblock für eine kartoniert eingeschlagene oder eine gebundene Ausführung hat die gleichen Maße 12,5 × 18,5 cm. Die Deckel sollen 3 mm überstehen. Dann wird die Länge 18,5 + 0,6 cm = 19,1 cm. In der Breite müssen an einer Seite 5 mm für den Rückenfalz abgezogen, an der anderen Seite aber 3 mm hinzugerechnet werden. Es verbleiben 12,3 cm. Die Maße der Pappen betragen dann also 12,3 × 19,1 cm.

Bevor wir beginnen, uns mit dem eigentlichen Kartonieren zu beschäftigen, möchten wir noch einige Hinweise geben.

Wie arbeitet man sauber mit Leim und/oder Kleister?

Vor allem muß man immer ein einigermaßen sauberes Tuch zur Hand haben, um die Finger bzw. das Werkstück damit von überflüssigem Leim oder Kleister reinigen zu können. Das Anschmieren (Bestreichen) wird am besten auf einem Stapel aufgeschlagener Zeitungen vorgenommen, die man flach auf den Tisch legt. Sowie die oberste Zeitung feucht vom Leim bzw. Kleister ist, faltet man sie in der Mitte zusammen und hat auf diese Weise wieder eine saubere Unterlage für die nächste Klebearbeit.

Das Schneiden von Pappe

Wenn man Pappe schneidet, muß man für eine gute glatte Unterlage sorgen, die das Messer nicht zu schnell stumpf macht. Zu empfehlen sind Zinkblech, Preßspanplatte oder ähnliches. Während des Schneidens sollte nicht zu viel Druck auf das Messer ausgeübt werden, da das Stahllineal dadurch leicht verrutschen oder das Messer weggleiten kann.
Einem Verrutschen des Lineals kann man leicht abhelfen, wenn man das Lineal an der Unterseite mit einem Streifen feinen Sandpapiers beklebt.

Pappe wird immer beidseitig beklebt

Pappe, gleichgültig ob es sich dabei um Grau- oder Strohpappe handelt, hat die Eigenschaft, sich zu werfen, wenn sie nur an einer Seite beklebt wird. Daher muß Pappe prinzipiell beidseitig beklebt werden. Dies gilt nicht nur für Bucheinbände, sondern auch für Kartonagearbeiten, für die Anfertigung von Schreibunterlagen, für das Aufziehen von Postern usw., für Arbeiten also, die in diesem Buch noch zur Sprache kommen werden.

Neben Preßbrettern werden auch Pappen im gleichen Format benötigt

Preßbretter müssen immer paarweise in verschiedenen Formaten vorhanden sein (siehe Kapitel Materialien und Werkzeuge). Da die Bretter aber auch bei sorgfältiger Arbeit auf die Dauer schmutzig werden, ist es empfehlenswert, zusätzlich einige Pappen in den gleichen Formaten zur Hand zu haben. Diese werden dann beim Pressen zwischen das Buch und die Preßbretter gelegt, damit das Buch sauber bleibt.

Das Kartonieren

Die einfachste Art, ein Buch mit einem festen Einband zu versehen, ist das Kartonieren. Im Prinzip geht es dabei nur darum, zwei Pappen durch einen Leinwandstreifen miteinander zu verbinden und sie dann mit dem letzteren am Rücken des Buches festzukleben.
Dieser Methode bedient man sich gerne in Bibliotheken, Behörden, Universitäten und in allen Instituten, die Unterrichtsbücher verwalten. Man nimmt neuen Büchern, die einen weichen Einband haben, diesen Einband ab und versieht sie dann mit einem festen Einband aus Pappe und Leinen. Zum Schluß wird der ursprüngliche Einband wieder darübergeklebt.
Nach diesem Verfahren werden die Bücher rundherum (Kopf, Schwanz und Vorderschnitt) mit einer Maschine beschnitten. Das bedeutet, daß beim Schnitt die rohe Stirnseite der Pappe sichtbar wird, was nicht jedermanns Geschmack ist. Aus diesem Grund werden wir hier zwei Arten des Kartonierens besprechen:

1. Kartoniert/glatt beschnitten und
2. Kartoniert mit eingeschlagenen Deckeln.

Kartoniert glatt beschnitten

Arbeitsgänge:

1. Die Pappen werden mit Kleister angeschmiert (bestrichen) und an beiden Seiten auf die Vorsätze geklebt. Selbstverständlich muß darauf geachtet werden, daß die Pappen genau mit Kopf, Schwanz und Vorderschnitt des Buchblockes übereinstimmen, wobei wieder der Kopf die Basis ist.

2. Das Buch wird nun beschwert und zur Seite gelegt. Währenddessen schneiden wir einen Leinenstreifen in der gewünschten Farbe und Qualität aus, wobei nicht vergessen werden darf, daß die Laufrichtung vom Kopf zum Schwanz laufen muß. Der Leinenstreifen wird also immer aus der Rollenlänge geschnitten. Für die Breite des Streifens rechnet man die Breite des Buchrückens plus einer Überlappung von 1,5 bis 2 cm an beiden Seiten. Die Länge des Streifens entspricht genau der Länge der Buchdeckel.

3. Bevor der Streifen festgeklebt wird, sollten wir uns durch einen Strich auf dem oberen und unteren Deckel die Grenze markieren, auf welche die Kante des Streifens fällt. Auf diese Weise kann es nicht passieren, daß der Streifen schief aufgeklebt wird. Zunächst wird jetzt der Rücken (und wirklich nur der Rücken) mit Hilfe eines Pinsels mit heißem Leim angeschmiert (bestrichen). Erst danach

Abb. 47: Das Andrücken einer Ecke.

Abb. 48: Das Pressen des Buches.

schmieren wir auch den Leinenstreifen mit Leim an. Nachdem wir das Buch an den Rand des Arbeitstisches gelegt haben, bringen wir den Leinenstreifen mit einer Seite genau auf dem Markierungsstrich an, den wir ja zuvor auf dem oberen Deckel gezogen hatten. Mit dem Falzbein (das immer bereit liegen sollte) wird das Leinen dann angedrückt, wobei besonders der Buchfalz zwischen Deckel und Rücken sorgfältig eingearbeitet wird. Anschließend wird der Streifen, wiederum unter Zuhilfenahme des Falzbeines, über den Rücken gespannt. Danach drehen wir das Buch um und wiederholen die Arbeiten auf der anderen Seite. Es kann nicht schaden, die beiden Rückenfälze noch einmal besonders einzustreichen.

4. Jetzt legen wir das Buch zwischen zwei saubere Pappen und zwei Preßbretter, wo es einige Stunden ohne Druck trocknen soll.

5. Nach der Trocknungszeit können die Einbanddeckel mit dem ursprünglichen Umschlag oder mit marmoriertem Papier beklebt werden. In beiden Fällen wird Kleister verwendet. Das Papier wird nicht nach innen umgeschlagen. Die Vorsätze sind ja auch bereits bis zum Rand vorgeklebt. Der Leinenstreifen wird dabei immer um einige Millimeter überlappt.

6. Die letzte Bearbeitung ist das Beschneiden von Vorderschnitt, Kopf und Schwanz.

Nach der zuvor beschriebenen Methode werden besonders die Bücher eingebunden, die oft als Massenware auf den Markt kommen und eine lange Lebensdauer haben sollen. So kartoniert entsteht auf jeden Fall ein kräftiges, widerstandsfähiges Buch. Manchmal wird noch zusätzlich ein besonderer Leinenrücken angebracht.

Kartoniert mit eingeschlagenen Buchdeckeln

Arbeitsgänge:

1. In diesem Fall werden die beiden Pappen für den Einband nicht mit Kleister, sondern nur mit einem schmalen Streifen heißen Leims (0,5 cm) am Rückenfalz entlang vor die Vorsätze geklebt.

2. Auch hier wird ein Leinenstreifen geschnitten, der breit genug ist, um beide Einbanddeckel um etwa 2 bis 2,5 cm zu überlappen. An Kopf und Schwanz muß der Streifen diesmal jeweils um 1,5 cm länger als der Buchrücken sein. Nun streicht man den Streifen mit heißem Leim an und setzt vorerst nur den Buchrücken darauf. Dann wird an Kopf und Schwanz eine Aussparung eingeschnitten, die mit einem Schenkel flügelförmig zum Rükken und mit dem anderen Schenkel mit dem Rükken gleich verlaufen soll. Danach wird der Leinenstreifen ganz auf die Einbanddeckel geklebt. Die vier überstehenden Stücke an Kopf und Schwanz schlägt man mit Hilfe des Falzbeins auf die Innenseite der Einbanddeckel um und klebt sie fest.

3. Das Buch soll jetzt einige Zeit, gut beschwert, liegen. Es braucht nicht gepreßt zu werden.

4. Währenddessen schneiden wir aus Marmorpapier zwei Stücke aus, die an Kopf, Schwanz und Vorderschnitt etwa 1,5 cm überstehen und an der Seite des Rückenfalzes etwas über das Leinen hinausreichen (höchstens 5 mm).

5. Das Buch wird nun an Kopf, Schwanz und Vorderschnitt beschnitten.

6. Wir bestreichen das Marmorpapier mit Kleister, lassen es etwas weichen und kleben dann das erste Stück auf den vorderen Buchdeckel. Mit leichtem Druck reiben wir über die gesamte Oberfläche, was keinesfalls übertrieben werden darf, weil Marmorpapier in feuchtem Zustand sehr schnell aufrauht (es kann auch eine kleine Walze benutzt werden). Die Luftblasen werden dadurch (von der Mitte zu den Rändern hin) ausgestrichen bzw. ausgedrückt. Wenn das Papier glatt aufliegt, schneiden wir die beiden Ecken in einem Winkel von 45° ab. Wir müssen allerdings darauf achten, daß wir dabei noch etwa 2 mm von der Ecke der Pappe entfernt bleiben.

7. Nun wird das Papier am vorderen Schnitt nach innen umgeklebt.

8. Danach drücken wir mit dem Falzbein schnell die hochstehenden Kanten an Kopf und Schwanz gegen die Stirnseite der Pappe und schlagen sofort danach das Marmorpapier auch an Kopf und Schwanz nach innen um. Auf diese Weise erhalten wir saubere und glatt abgearbeitete Ecken (siehe **Abb. 47**).

9. Der untere Buchdeckel wird auf die gleiche Weise bearbeitet. Anschließend lassen wir das Buch zwischen sauberen Pappen und Preßbrettern trocknen.

10. Als letzte Bearbeitung werden beide Einbanddeckel nacheinander aufgeschlagen und die Vorsätze mit Kleister angeschmiert (bestrichen). Das soll nicht zu reichlich und immer vom Rücken zum Vorderschnitt hin geschehen. Eventuelle Spuren überflüssigen Kleisters an den Rändern müssen sauber entfernt werden. Dies ist wichtig, denn sonst kann es zu Kleisterflecken kommen, so daß die Vorsätze auch dort festkleben, wo es nicht sein darf!

11. Die Einbanddeckel werden gleichmäßig vom Buchrücken aus angedrückt. Danach legen wir das Buch zwischen saubere Pappen und Preßbretter und pressen es einige Stunden kräftig in der Buchpresse (siehe **Abb. 48**). Nunmehr sind die Vorsätze fest mit den Buchdeckeln verbunden.

12. Nach dem Pressen und Trocknen kann möglicherweise der ursprüngliche Einband ganz oder teilweise über das Marmorpapier geklebt werden. Eventuell können wir den Einband auch mit einem anderen Titel versehen. Hierauf kommen wir später noch zurück.

Abb. 49: Pappen mit einem Rückenstreifen aus Karton.

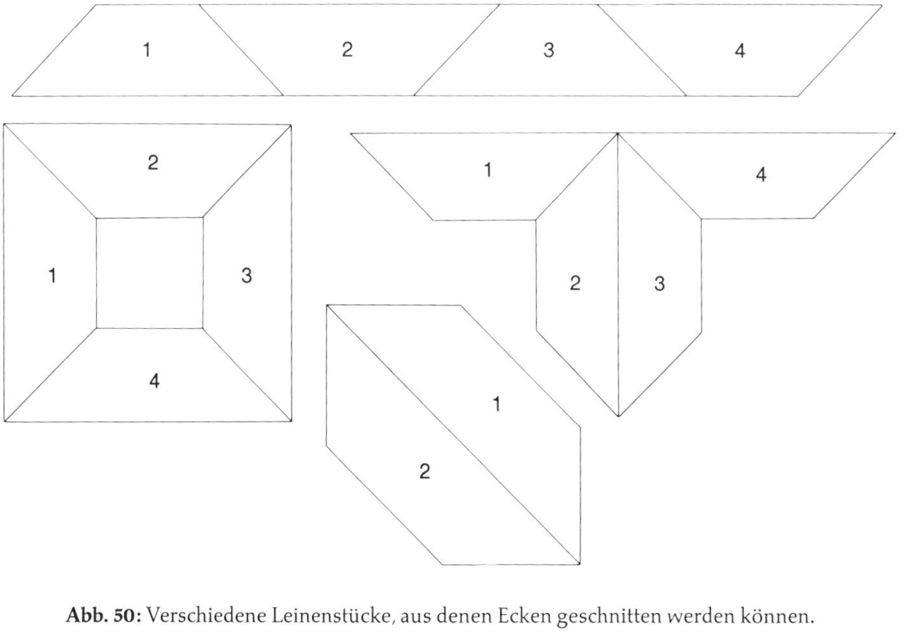

Abb. 50: Verschiedene Leinenstücke, aus denen Ecken geschnitten werden können.

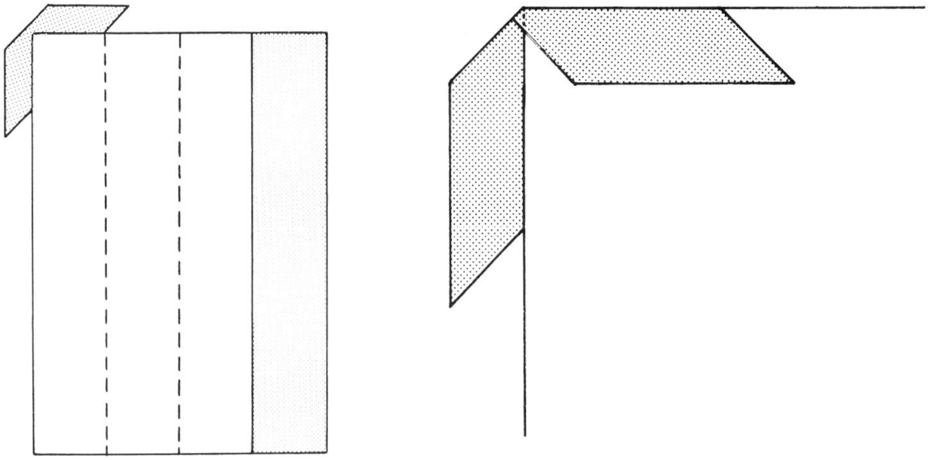

Abb. 51: So werden Ecken und Rücken aus Leinen angebracht.

Die geheftete Ausführung
Der wesentlichste Unterschied zu der vorher besprochenen Ausführung liegt darin, daß der Einband des Buches unabhängig vom Buch vollständig fertiggestellt wird. Das trifft auch für die später folgende gebundene Ausführung zu.

Arbeitsgänge:

1. Das Schneiden der Einbanddeckel. Im Gegensatz zu den Einbanddeckeln der kartonierten Ausführung werden die Pappen hier etwa 2 bis 3 mm größer gehalten, wie es zu Beginn dieses Kapitels bereits erwähnt wurde.

2. Aus festem Papier, beispielsweise Vorsatzpapier, wird ein Streifen zurechtgeschnitten. Dabei legen wir grundsätzlich eine Breite von 6 cm zugrunde und rechnen dann die Dicke des Buchblokkes hinzu. Für ein Buch mit einer Rückenstärke von 2,5 cm wird also ein Streifen von 8,5 cm Breite geschnitten. Die Streifenlänge soll genau der Länge der bereits geschnittenen Einbanddeckel entsprechen.

3. Aus einem Stück Karton (gemeint ist das Material, aus dem z.B. Postkarten usw. hergestellt werden) schneiden wir einen Streifen heraus, der in der Länge den Einbanddeckeln entspricht, in der Breite

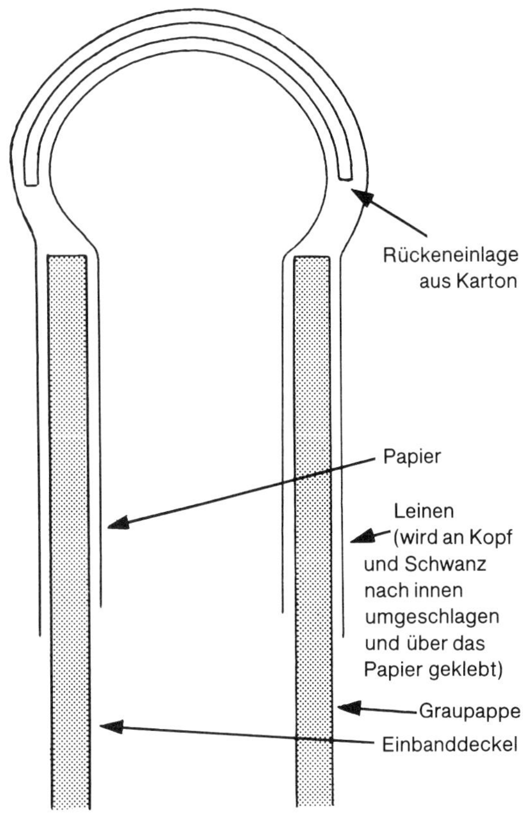

Abb. 52: Schematische Darstellung vom Aufbau eines Bucheinbandes.

Abb. 53: Die Innenseite eines Einbandes mit Rücken und Ecken aus Leinen ohne Marmorpapier.

Abb. 54: Die Außenseite des Einbandes von **Abb. 53.**

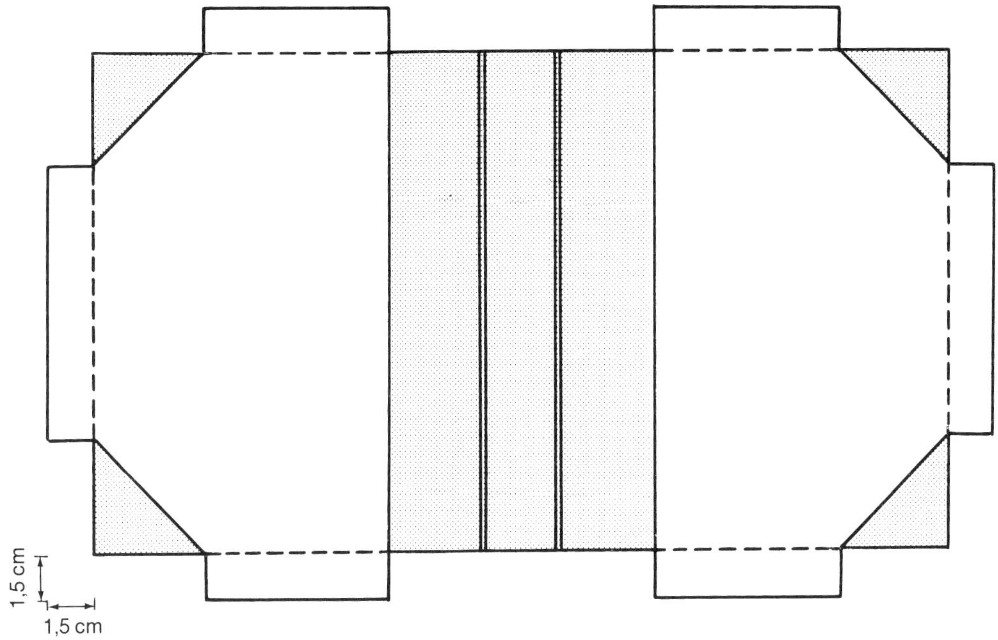

Abb. 55: Das Anbringen des Marmorpapiers.

aber genau mit der Breite des Buchrückens übereinstimmt. Die Laufrichtung ist zu beachten!

4. Der Kartonstreifen wird genau auf die Mitte des Papierstreifens gelegt, so daß dieser an beiden Seiten gleichmäßig übersteht. Dann ziehen wir erst zwei Bleistiftstriche an dem Kartonstreifen entlang und danach nochmals zwei Striche jeweils 0,5 cm neben dem ersten Strich.

5. Der Papierstreifen wird auf der Seite, wo die Bleistiftstriche stehen, mit Leim (nicht mit Kleister!) angeschmiert (bestrichen). Dann legen wir den Kartonstreifen zwischen die beiden inneren Striche, die noch schwach sichtbar sind, und die beiden Einbanddeckel rechts und links an die äußeren Striche. Natürlich muß darauf geachtet werden, daß sich Kopf und Schwanz in einer Linie befinden.

6. Jetzt wird das Ganze umgedreht. Der nun obenliegende Papierstreifen wird gut mit der Hand angedrückt und mit dem Falzbein gegen die Pappdeckel gerieben.

Die Seite der Pappen, die mit dem Papierstreifen beklebt worden ist, wird die Innenseite des Einbands. Der Kartonstreifen liegt nun also auf der Außenseite des Rückens (siehe **Abb. 49**).
Wenn der Einband soweit fertig ist, muß das Leinen für den Rücken und die Ecken vorbereitet werden.

7. Der Leinenstreifen, der zu diesem Zweck ausgeschnitten werden muß, soll in der Breite ungefähr dem Papierstreifen entsprechen, der inzwischen auf die Pappen geklebt worden ist. Da das Leinen aber an Kopf und Schwanz etwa 1,5 cm nach innen umgeschlagen werden muß, wird der Streifen um 3 cm länger geschnitten, als es die Pappen sind.
Achtung: Die Laufrichtung muß unbedingt beachtet werden! Auch bei Leinen ist das äußerst wichtig.
Man stellt sie einfach durch eine Reißprobe fest. Die Richtung, in der sich das Leinen fadengerade reißen läßt, ist immer die Laufrichtung.

8. Für die Ecken werden Leinenstücke in den abgebildeten Formen benötigt **(Abb. 50).** Abb. 51 zeigt, wie die Ecke auf der Pappe gefalzt wird. Es wird ebenfalls gezeigt, wie die Ecken und der Lei-

nenrücken auf der Gesamtoberfläche des Buches verteilt werden. Das geschieht, indem die Breite in vier gleiche Streifen unterteilt wird.
Es gibt verschiedene Möglichkeiten, um vier gleiche Stücke für die Ecken zu erhalten. Die Laufrichtung ist hierbei belanglos. Die Stücke sind zu klein, um Einfluß auszuüben. Man wird darum auch möglichst kein neues Stück Leinen abschneiden, sondern Reste verwenden, die ja immer vorhanden sind. Auf **Abb. 50** sind einige Möglichkeiten dargestellt, die zeigen, wie durch Zurechtschneiden und Falten die für die Ecken erforderlichen Stücke zugeschnitten werden können.
Hinsichtlich der Größe der Ecken muß von zwei Gegebenheiten ausgegangen werden: von der Breite der Einschläge, die wieder 1,5 cm betragen soll, und von der gewünschten Größe der auf dem Einbanddeckel später sichtbaren Ecke (siehe **Abb. 51**).

9. Zunächst wird der Rückenstreifen mit heißem Leim angeschmiert (bestrichen) und auf den Kartonrücken geklebt. Es muß schnell und sauber gearbeitet werden. Der Streifen wird angebracht und eben festgerieben (oder gewalzt). Dann wird der Einbanddeckel umgedreht und die Einschläge nach innen umgelegt. Nun wird alles gut mit dem Falzbein angerieben, vor allem der Rückenfalz.

10. Der Rückenfalz wird so scharf wie möglich herausgearbeitet. Wir ziehen das Falzbein zuerst durch die eine und dann durch die andere Rille des Rückenfalzes. Dazu wird einer der Deckel flach niedergelegt, während man den anderen fast rechtwinklig hochhält. Wenn wir jetzt den hochstehenden Einbanddeckel vom Rücken nach vorne bewegen, lassen sich die beiden Rillen mit dem Falzbein gut einreiben. Danach wird dies mit dem jetzt liegenden Buchdeckel ausgeführt. Das Ergebnis muß der schematischen Darstellung auf **Abb. 52** entsprechen.

11. Nun werden alle vier Leinenstreifen für die Ecken mit heißem Leim (angeschmiert) bestrichen und auf die Pappen geklebt. Vielleicht aber ist es besser, zunächst einmal jeweils nur zwei Streifen gleichzeitig zu bearbeiten. An der Spitze der Ecke lassen wir wieder etwa 2 mm überstehen. Dann wird eine Seite mit dem Falzbein umgeschlagen. Wieder hochstehende Kanten an die Stirnseite der Pappe gedrückt und sofort danach die zweite Seite umgelegt. Auf diese Weise werden alle vier Ecken geklebt. Nach der Fertigstellung sieht der Einband so aus, wie es auf den **Abb. 53** und **54** dargestellt ist.

Nun muß der Bucheinband nur noch mit Marmor-Papier (oder ähnlichem Material) bezogen werden. Es soll die Pappe bedecken, aber es muß auch am Buchrücken und an den Ecken einige Millimeter über das Leinen hinausragen. Außerdem sind noch 1,5 cm für die Einschläge zu berücksichtigen. Welche Form und Maße sich dann für das Marmorpapier ergeben, zeigt **Abb. 55.**
Anfangs ist es besser, das Papier genau der Zeichnung entsprechend auszumessen und auszuschneiden. Wenn man später mehr Erfahrung hat, wird man von selbst dazu übergehen, die schrägen Ecken erst später abzuschneiden, also erst dann, wenn das Marmorpapier (gut durchweicht vom Kleister) glatt auf dem Buchdeckel liegt.

12. Die beiden maßgerecht ausgeschnittenen Marmorpapiere werden mit Kleister angeschmiert (bestrichen), zusammengefaltet und danach einige Minuten zum Weichen weggelegt. Dann werden sie wieder aufgeschlagen, auf die Pappe angeklebt und gut angedrückt. Das Andrücken muß wieder von der Mitte aus auf die Ränder zu geschehen. Es darf dabei etwas gerieben werden, aber auf keinen Fall zu kräftig, weil eingeweichtes Marmorpapier leicht reißt! Danach werden die Ränder umgeschlagen.

Wenn wir diesen Arbeitsgang bei beiden Buchdeckeln durchgeführt haben, ist der Einband fertig. Man kann ihn nun eine Zeit trocknen lassen, unbedingt erforderlich ist das aber nicht. Nur wenn der Einband nun sofort am Buchblock angebracht werden soll, muß sehr sorgfältig damit umgegangen werden, da feuchtes Marmorpapier recht empfindlich ist. Mit wachsender Erfahrung werden wir feststellen, daß sich ein noch feuchter Einband leichter um den Buchblock legen läßt. Das spricht dafür, sofort weiterzuarbeiten.

Das Verbinden des Einbandes mit dem Buchblock

Jetzt kommt das wichtigste Stadium. Bevor man aber mit den wirklich allerletzten Tätigkeiten beginnt, sollte man noch einmal kontrollieren, ob der

Einband gut paßt. Natürlich haben wir uns dessen schon früher vergewissert, aber manchmal zeigt sich dann doch im letzten Augenblick, daß uns irgendein Irrtum unterlaufen ist. Und dann gibt es nur eine Möglichkeit: Der Einband muß völlig neu angefertigt werden!

Arbeitsgänge:

1. Der Einband wird auf den Tisch und der Buchblock hineingelegt. Beide Einbanddeckel sind geschlossen. Nach einigem Hin- und Herschieben wird der Buchblock dann so im Einband liegen, wie er anschließend auch eingehängt werden soll. Nun schlagen wir den oberen Deckel auf und drücken den Buchblock mit der Hand fest auf den unteren Deckel.

2. Das jetzt freiliegende Vorsatz wird gleichmäßig mit Kleister angeschmiert. Während wir mit der Hand vom Buchrücken her drücken, legen wir den oberen Einbanddeckel vorsichtig auf das Vorsatz hinunter und pressen ihn kräftig an. Anschließend drehen wir das Buch um und wiederholen den gleichen Vorgang an der Rückseite.

Wer mit dem Kleisterpinsel allzu großzügig umgeht, sollte am besten vor dem Auftragen des Kleisters ein Schmutzblatt zwischen die Vorsätze schieben.

Beim Umdrehen des Buches muß darauf geachtet werden, daß man den Buchblock nicht verschiebt, weil er sonst unter Umständen schief in den Einband kommt.

3. Nun fehlt als letzter Arbeitsgang nur noch das Pressen. Das Buch wird wieder bis an den Rückenfalz zwischen zwei saubere Pappen und danach zwischen zwei Preßbretter gelegt. Anschließend kommt es mit den Pappen und Brettern in die Buchpresse.

4. Nach einigen Stunden kräftigen Pressens ist das Buch fertig. Die Einbanddeckel können eventuell noch mit den alten Umschlägen versehen werden (siehe Kapitel »Die Möglichkeiten der Einbandverzierung«).

Wer dem Text aufmerksam gefolgt ist, wird bemerkt haben, daß wir bisher beim Einbinden eines gehefteten Buches von einem viereckigen oder auch geraden Rücken ausgegangen sind. Diese Ausführung, die auch »Halbleinen« genannt wird, kann natürlich ebensogut mit einem runden Rükken angefertigt werden. In solchem Falle muß der Buchrücken, wenn alles Leinen angebracht und der Einband somit fertig ist, gerundet werden.

Das gebundene Buch mit rundem Rücken

Die ersten Bearbeitungen sind die gleichen wie bei der gehefteten oder »Halbleinen«-Ausführung:

- Pappen schneiden
- Papier- und Kartonstreifen für den Rücken anfertigen
- Den Kartonrücken und die Pappen auf den Papierstreifen kleben.

Aber von hier ab ändert sich die Arbeitsweise. In gewisser Hinsicht ist die Herstellung eines Ganzleinen-Einbandes einfacher. Es ist in diesem Falle nicht nötig, einen losen Leinenrücken und Leinenecken zuzuschneiden. Es wird nur ein einziges Leinenstück ausgeschnitten, das an allen vier Seiten um 1,5 cm größer als der aufgeklappte Einband sein muß. Die Laufrichtung ist selbstverständlich: vom Kopf zum Schwanz.

Arbeitsgänge:

1. Das maßgerecht ausgeschnittene Leinenstück wird gleichmäßig mit heißem Leim eingestrichen. Dann legt man den Einband mit der Außenseite zum Leim gekehrt darauf. Das heißt, der Kartonstreifen für den Rücken muß unten liegen. Am besten ist es, den Einband erst mit einem Deckel niederzulegen und den Rest dann bei gleichzeitigem Andrücken langsam herunterzulassen. Auf diese Weise bleiben die Luftblasen auf ein Minimum beschränkt.

2. Nun wird das Ganze umgedreht. Wie immer, wenn es sich um Arbeiten mit heißem Leim handelt, gilt auch hier die Regel: Schnell arbeiten, aber so akkurat wie möglich. Bevor die Ränder umgeschlagen werden können, gilt es zunächst, die Ekken des Leinens zuzuschneiden. Das geschieht nach Augenmaß in einem Winkel von 45°, wobei man genau wie bei der Halbleinenausführung etwa 2 mm von der Ecke der Pappe entfernt bleibt. Sofort danach wird das Leinen an der Kopfseite nach innen umgeschlagen. Das gelingt besonders gut und straff, wenn man vorher eine saubere Zeitung unter das Werkstück gelegt hat und das Leinen nun

Abb. 56: Das Runden des Einbandrückens.

zusammen mit der Zeitung aufnimmt und umschlägt. Die Schwanzseite wird auf die gleiche Weise behandelt.

3. Jetzt bleiben noch die beiden Vorderseiten übrig. Aber bevor diese umgeschlagen werden können, müssen erst wieder die an den Ecken hochstehenden Umschläge mit dem Falzbein gegen die Pappränder gedrückt werden. Danach werden auch die Leinenränder an den Vorderseiten glatt nach innen umgelegt.

4. Der ganze Einband wird nun wieder umgedreht und genau daraufhin kontrolliert, ob sich auch keine Falten usw. im Leinen gebildet haben. Das ist etwas, was man beim Arbeiten mit Leim ständig im Auge behalten muß. Der Buchfalz und der Rücken werden mit dem Falzbein geglättet und eingerieben, wie es schon beim Halbleinenband besprochen worden ist (siehe **Punkt 10**).

5. Nunmehr kann der Rücken gerundet werden. Aber bevor wir dies in Angriff nehmen, soll der

Einband mindestens eine halbe Stunde lang trocknen. Das Runden ist sehr leicht. Man nimmt einfach die beiden Buchdeckel des Einbandes in die Hände und zieht den Rücken über eine scharfe Kante, die allerdings nach Möglichkeit etwas abgerundet sein sollte, beispielsweise über einen Tischrand. Der Einband wird dabei etwas schräg gehalten, so daß man den Rücken nicht in der ganzen Breite, sondern nur etwa zu einem Drittel über den Tischrand zieht. Hat man zunächst die Kopfseite behandelt, so dreht man nun den Einband um und verfährt mit der Schwanzseite ebenso. Man wird feststellen, daß sich das unbehandelte Mittelteil von selbst nach der Rundung von Kopf und Schwanz richtet, wenn diese an jeder Seite zu einem Drittel gerundet worden sind (siehe **Abb. 56**).

6. Nach diesem Runden des Rückens legen wir den Buchblock wieder hinein, um zu kontrollieren, ob die Rundung ausreicht. Ist das der Fall, so kann der Buchblock auf die gleiche Weise in den Einband gehängt werden wie bei dem halbleinen gebundenen Buch.

7. Abschließend legen wir das Buch wieder zwischen saubere Pappen und Preßbretter in die Buchpresse, wo es einige Stunden kräftig gepreßt werden soll.

Damit ist das Buch fertig. Soll der alte Titel wieder auf die Vorderseite unseres Buches geklebt werden, so kann man das ohne weiteres tun. Es darf allerdings nicht mit Knochenleim oder Kleister geschehen. Zu diesem Zweck sollte Kunstharzkleber verwendet werden. Man sollte natürlich bedenken, daß es nach der Verwendung von Kunstharzkleber kaum mehr möglich ist, diesen aufgeklebten Titel je wieder ohne Beschädigungen zu entfernen. Das ist also eine endgültige Angelegenheit!

Broschieren, Einbinden ohne Heften, Einbinden in Sammeleinbände

Material und Werkzeug:

- Eine oder mehrere Lagen Papier (um Hefte oder Notizbücher anzufertigen)
- Eine Nadel
- Buchbinderheftzwirn
- Ein Falzbein
- Kräftiges Papier bzw. Karton für den Einband
- Eine Schere
- Kleister
- Kunstharzkleber
- Gaze (evtl. Verbandgaze hydrophil, 8 cm breit)
- Ein Stahl-Lineal
- Eine Buchpresse und Preßbretter

Was heißt »broschieren«?

Auch wenn dieses Tätigkeitswort in direkter Beziehung zu dem Wort Broschüre steht, hat es doch keineswegs mit der äußeren Form des Buches zu tun, sondern mit der Art der Heftung. Es ist die einfachste Methode, die Bogen einer einzelnen Lage oder mehrere Lagen zu einem Ganzen zu verbinden, ohne dabei Band oder Schnur auf dem Rücken zu verwenden.

Hier können sich jedoch durch den unterschiedlichen Gebrauch der Fachausdrücke leicht Mißverständnisse einschleichen. Was der Buchbinder zum Beispiel »broschiert« nennt, heißt beim Verleger »in den Einband geheftet«. Der Buchbinder versteht unter »eingeheftet« etwas anderes, nämlich »besser kartoniert«. Es ist empfehlenswert, sich in diesem Zusammenhang die Übersicht auf **Abb. 9** noch einmal anzusehen.

Der größte Teil der maschinell gebundenen Bücher wird auf Nähmaschinen mit dem sog. Broschierstich geheftet, und das ist eigentlich nichts anderes als ein hin- und rücklaufender Reihstich.

Wenn das Buch nur aus einer Lage besteht, wird der Broschierstich Heftstich genannt; handelt es sich aber um mehrere Lagen, dann spricht man vom Broschierstich. In der Fachsprache der Handbuchbinder jedenfalls wird hier ein Unterschied gemacht.

Bei Arbeitsstücken, die nur aus einer Lage bestehen, werden beim maschinellen Binden oft Heftklammern aus Metall verwendet. Man braucht sich nur Wochen- und Monatsschriften, Kataloge, Programmhefte usw. anzusehen. Nur die altbewährten Schulhefte werden noch immer im Heftstich mit Heftgarn zusammengehalten, damit sich die Kinder nicht an Heftklammern verletzen. Im übrigen kann man bei manchen Zeitschriften, die aus einer Lage bestehen und mit Heftklammern zusammengehalten werden, feststellen, daß die Definition »Lage« ein dehnbarer Begriff ist. Es gibt Ausgaben von Zeitschriften, die tatsächlich aus einer Lage bestehen, und dabei etwa 100 Seiten umfassen!

Es ist inzwischen wohl deutlich geworden, daß das Broschieren eine weniger solide Verbindungsweise von Lagen ist als das Heften auf Bändern oder Schnüren. Trotzdem kann auch ein broschiertes Buch durch die Art und Weise, wie der Rücken später behandelt und das Buch fertiggestellt worden ist, ein recht haltbares Produkt werden. Zu gegebener Zeit lehrt es die Erfahrung, welche Bücher sich wohl und welche nicht für die Broschierheftung eignen. Als Faustregel gilt im allgemeinen: Dicke Bücher, Bücher, die auf schwererem Papier gedruckt worden sind, und Bücher mit größerem Format als Oktav (Folio, Quarto, s. »Die Anfertigung eines Heftes«) werden nicht broschiert, sondern auf Bänder oder Schnüre geheftet.

Wir wollen mit dem Einfachsten anfangen, und zwar mit dem normalen Schulheft.

Die Anfertigung eines Heftes

Wir nehmen 6 bis 9 Bogen Folio (Folio: 2 Blätter = 4 Buchseiten), es darf aber auch ein anderes Format sein, denn zunächst handelt es sich doch nur um die Art des Heftens. Diese Bogen stoßen wir gut gleich, bis sie genau übereinander liegen, und fal-

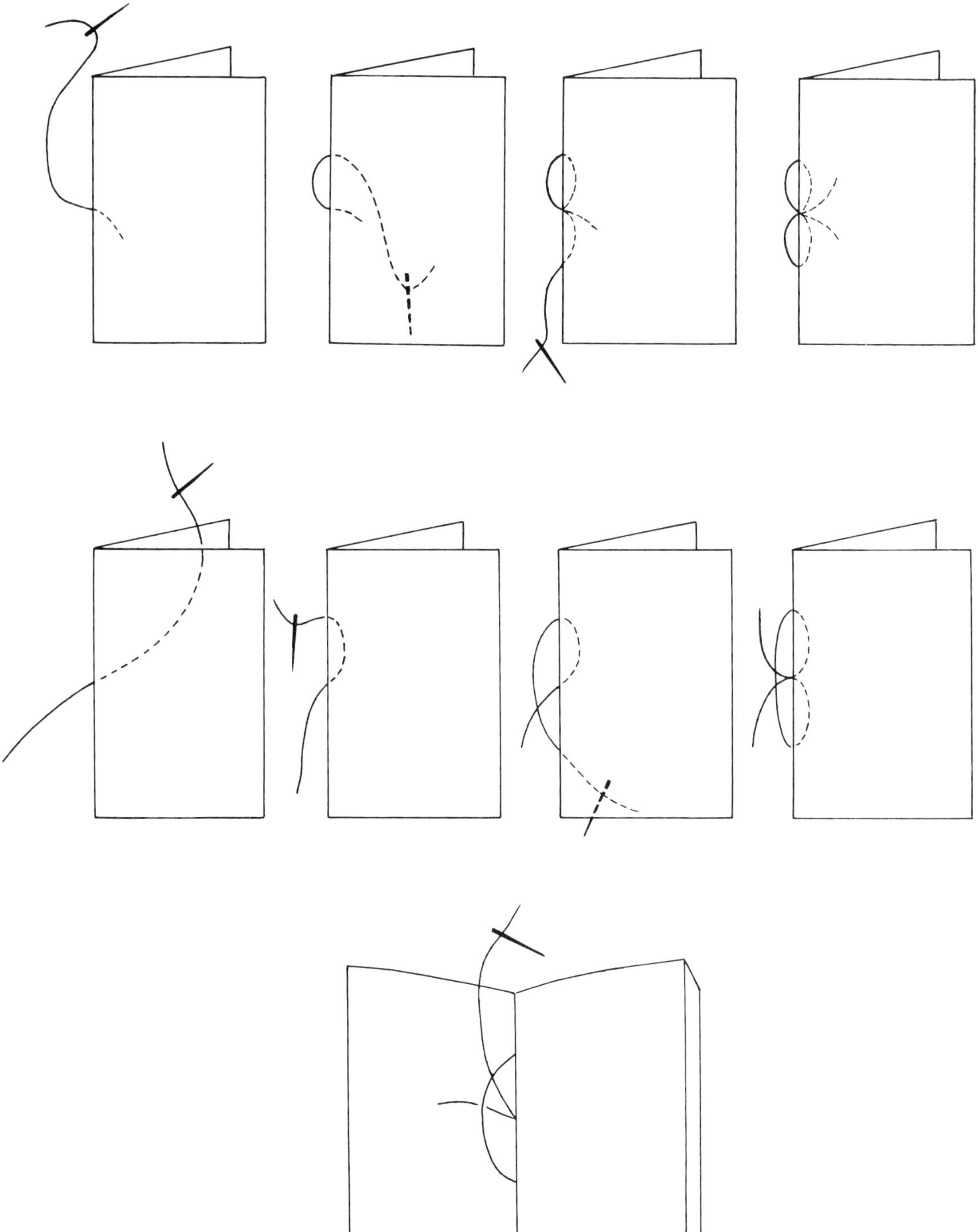

Abb. 57: Der Heftstich.

zen sie dann quer zur Längsseite zusammen. Der Bruch wird mit dem Falzbein nochmals gut nachgestrichen. Wenn man normales Schreibmaschinenpapier benutzt, kann man durch scharfes Falzen leicht feststellen, ob die Laufrichtung stimmt.
Jetzt schneiden wir aus etwas festerem Papier oder Karton ein Stück vom gleichen Format und falzen es ebenfalls doppelt. Dies wird als Umschlag um die gefalzten Papierbogen gelegt. Dann schlagen wir alles zusammen auf, suchen mit Hilfe des Lineals die Mitte des Rückens und bringen dort einen Bleistiftpunkt an. Danach schieben wir das Heft mit dem Rücken an den Tischrand und halten es hier mit der freien Hand unter kräftigem Druck fest. Die andere Hand führt die Nadel, die wir mit einem Faden von etwa 30 cm versehen haben. Nun stechen wir auf dem Bleistiftpunkt von innen nach außen durch den Rücken. Dann wird die Nadel, bevor man den Faden vollkommen durchgezogen hat, etwa auf der Hälfte zwischen Kopf und Rückenmitte von außen nach innen gestochen und danach auf der Hälfte zwischen Schwanz und Mitte wieder von innen nach außen durchgeholt. Schließlich führt man sie durch das erste Loch in der Mitte des Rückens wieder nach innen. Jetzt befinden sich die beiden Enden des Fadens auf der Innenseite des Heftes. Sie werden fest, aber nicht zu fest angezogen und um den im Rücken liegenden Faden verknotet. Hierfür ist der sog. Weberknoten am besten geeignet. Es muß darauf geachtet werden, daß der Knoten stramm am Faden ansitzt, sonst schieben die Seiten. Der Heftstich ist der einfachste Stich, den es gibt. Wenn wir den Heftstich richtig ausführen, beschreibt der Faden die Linienführung einer langgestreckten 8 (siehe **Abb. 57**).
Es ist natürlich auch möglich, den Heftvorgang andersherum vorzunehmen. Dann liegt der Knoten an der Außenseite des Rückens. Der erste Stich wird in dem Falle nicht von innen nach außen, sondern von außen nach innen geführt. Das hat den Vorteil, daß man abschließend einen Streifen Papier oder Leinen über den Rücken kleben kann, wodurch Faden und Knoten unsichtbar werden und das Ganze etwas mehr Festigkeit bekommt. Diese Heftweise, bei der der Knoten an der Außenseite des Rückens liegt, wird besonders bei Partituren häufig angewendet (siehe Kapitel »Das Einbinden von Partituren«).
Eine andere Möglichkeit besteht darin, die Lage ohne Umschlag mit dem Knoten an der Außenseite zu heften. Der Umschlag wird danach erst angebracht, wobei die erste und die letzte Seite der Lage die Rolle der Vorsätze übernehmen und mit Kleister gegen den Umschlag geklebt werden.

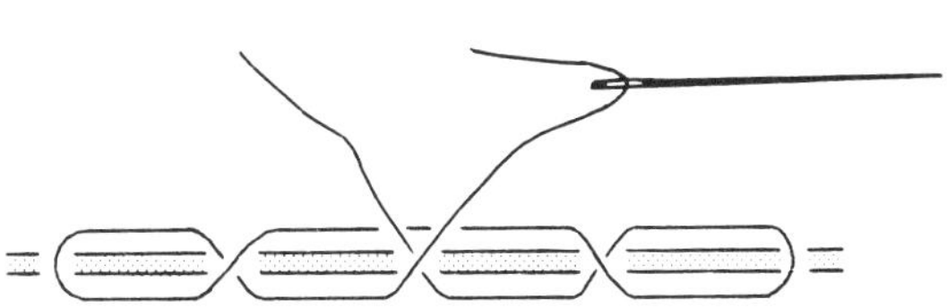

Abb. 58: Heftstich mit fünf Heftlöchern.

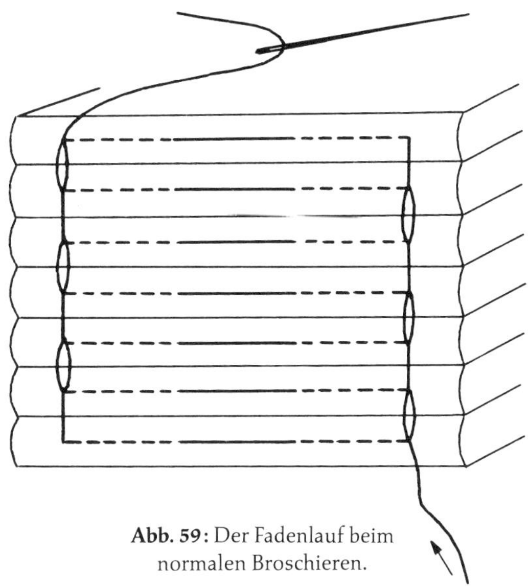

Abb. 59: Der Fadenlauf beim normalen Broschieren.

Arbeitsgänge:

1. Die Oberseite der Lage gleichmäßig mit Kleister bestreichen

2. Die Oberseite des Umschlags sehr genau (übereinstimmend) darauflegen. Der Kopf ist die Anlagebasis!

3. Das Ganze umdrehen und den gleichen Vorgang an der Unterseite wiederholen.

4. Das Heft einige Stunden nicht zu kräftig pressen.

5. Eventuell Kopf, Schwanz und Vorderseite beschneiden.

Abschließend soll noch darauf hingewiesen werden, daß man an Stelle der Heftung mit 3 Heftlöchern (wobei der Faden die Figur einer langgestreckten 8 beschreibt) und auch mit 5 Heftlöchern arbeiten kann. Das wird bei größeren Formaten, beispielsweise bei Partituren, oft unerläßlich sein. Es entsteht dann eine doppelte 8 (siehe schematische Darstellung auf **Abb. 58**).

Das Broschieren mehrerer Lagen

Zunächst werden die Stellen für die Heftlöcher bestimmt. Am besten markiert man die Löcher am Kopf- bzw. Schwanzende des Rückens zuerst und verteilt dann den übrigbleibenden Platz in drei oder eventuell noch mehr gleiche Teile. Das Heften wird so ausgeführt, wie es auf **Abb. 59** dargestellt ist. Genau wie bei Heften auf Bändern bzw. Schnüren kann man auch beim Broschieren zwei Lagen zugleich heften. Dies wurde bereits im Kapitel »Das Heften« beschrieben und auf **Abb. 38** dargestellt.

Die Vorteile dieser »Halbheftung« liegen darin, daß die Arbeit schneller geht, der Zwirnverbrauch geringer ist und eventuell durch den Heftzwirn hervorgerufene, unschöne Verdickungen am Buchrücken vermieden werden. Als wesentlicher Nachteil steht dem eine schwächere Stabilität gegenüber. Für das Binden von Partituren ist diese Heftart bestimmt nicht zu empfehlen.

Einbinden ohne Zwirn

Diese Art des Einbindens, die man auch »Lumbekken« nennt, setzt sich immer mehr durch. In jedem willkürlich gewählten Buchladen kann man feststellen, daß der größte Teil der Taschenbücher heute nicht mehr geheftet, sondern geleimt ist. Ein Blick auf Kopf oder Schwanz am Rücken eines solchen Buches zeigt:

1. Es gibt keine Lagen.
2. Es ist eine über die gesamte Rückenbreite reichende, ziemlich dicke Leimschicht zu sehen.

Glücklicherweise ist die Technik des maschinellen Einbindens ohne Heftung inzwischen erheblich besser geworden, so daß ein auf diese Weise eingebundenes Buch heute nicht mehr auseinanderfällt, nachdem es einmal gelesen worden ist.

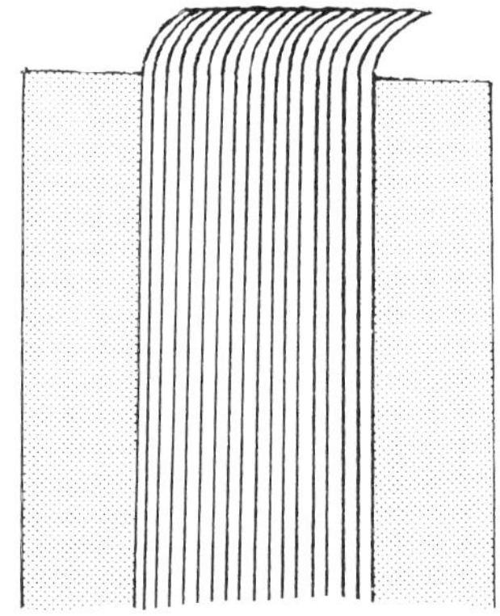

Abb. 60: Ausfächern des Rückens unter Daumendruck.

Abb. 61: (Rechte Seite) Einbandmaterialien.

Die Arbeitsweise ist unkompliziert. Der Einfachheit halber gehen wir wieder davon aus, daß ein vorhandenes Buch oder auch eine Zeitschrift eingebunden werden soll. War dieses Buch bzw. die Zeitschrift geheftet, so wird zunächst der Heftzwirn entfernt. Hat das Buch bereits einen geleimten Rücken, dann müssen die Seiten einzeln abgezogen und die Leimreste entfernt werden.

Das jetzt als Bündel vor uns liegende Buch wird gut gleichgestoßen, bis es an Kopf, Schwanz und Vorderschnitt genau übereinstimmt. Danach wird der Rücken gerade beschnitten. Das ist sowohl bei einem ursprünglich gehefteten als auch bei einem gelumbeckten Buch die beste Methode, denn der Rücken muß so gerade wie möglich sein. Ein geheftetes Buch müssen wir auf jeden Fall an der Rückseite beschneiden, um die Brüche der Lagen zu entfernen. Nach dem Beschneiden werden normale Vorsätze angefertigt, also doppelt gefaltete, maßgerecht zugeschnittene Bogen, die wir an Ober - und Unterseite des Bündels anfügen.

Haben wir das alles richtig gemacht, dann liegt jetzt ein vollkommen glatter, rechteckiger Buchblock vor uns. Dieser Buchblock wird nun so zwischen zwei Preßbretter gelegt, daß der Rücken etwa 4 cm über die Bretter hinausragt. Fest in die Buchpresse oder einen Schraubstock spannen, wobei sich der Rücken des Buches oben befinden muß.

Jetzt schneiden wir einen Streifen Verbandgaze ab, der in der Länge genau mit dem Rücken des Buches übereinstimmt. Da er aber an der Ober- und Unter-

Leinen

1. Pastell - Gewebe

2. Jaro - Leinen

3. Standard-Leinen

4. Blackburg

5. Alpina

6. Frankonia

Leder, Kunstleder und Pergament

1. Pergament

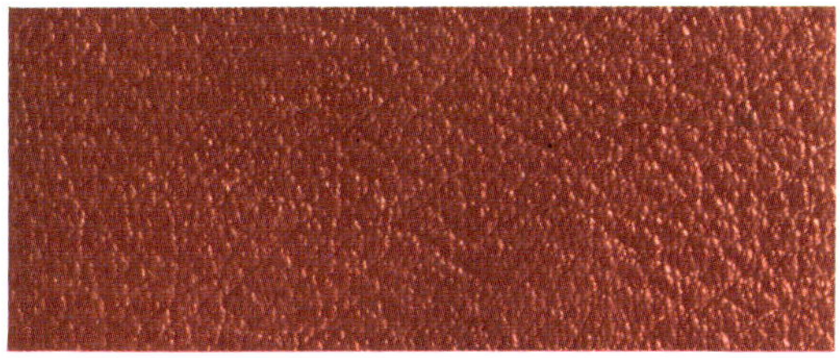

2. Saffian-Leder

3. Skiver - Leder

4. Sambesi - Leder

5. Kunstleder

6. Kunstleder

seite des Bündels mindestens 1,5 cm auf die Vorsätze geklebt werden soll, müssen wir ihn gut 3 cm breiter als den Buchrücken schneiden. Der Streifen wird vorläufig zur Seite gelegt. Wir nehmen zunächst einen Fuchsschwanz zur Hand und bringen damit oberflächliche Sägeeinschnitte kreuz und quer auf dem Buchrücken an. Diese dürfen keinesfalls zu tief sein. Es geht hierbei nur darum, die Oberfläche aufzurauhen, damit der später aufgetragene Kunstharzkleber gründlicher eindringen kann. Kunstharzkleber und Pinsel liegen natürlich schon bereit. Wenn es erforderlich ist, wird der Kunstharzkleber mit Wasser noch etwas verdünnt, bis er die ideale Streichkonsistenz hat (ähnlich wie Joghurt). Einzelheiten über Kunstharzkleber beschreiben wir im Kapitel »Materialien und Werkzeuge«.

Wenn die Oberfläche des Buchrückens genügend aufgerauht ist, drücken wir den aus der Presse herausragenden Teil des Buchblockes mit dem Daumen über die gesamte Länge nach einer Seite und schmieren (streichen) den Rücken gleichzeitig kräftig mit dem Kunstharzkleber ein. Danach wird der Daumen auf die andere Seite gelegt und das Einstreichen über die gesamte Länge wiederholt. Hiermit wird bezweckt, daß der Kleber in dem Moment, wo der Buchrücken unter dem Druck des Daumens ausfächert, um den Bruchteil eines Millimeters rechts und links der Buchseiten eindringt. Dadurch kommt eine intensivere Verbindung des Buchrükkens zustande (siehe **Abb. 60**).

Ist der Rücken auf diese Weise gut mit dem Kleber angeschmiert (bestrichen), so wird der Gazestreifen in die Hand genommen und auf den Rücken gedrückt. Danach bringen wir mit Hilfe des Pinsels noch eine dünne Schicht des Klebers auf der Gaze an, damit dieser möglichst in sie eindringt.

Anschließend soll der Rücken 30 bis 60 Minuten trocknen. Bis dahin ist der Kleber vollkommen transparent geworden. Die beiden überstehenden

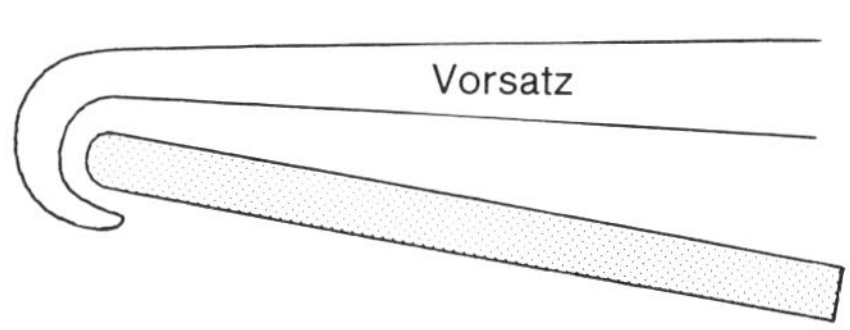

Abb. 62: Ein mitzuheftendes Vorsatz.

Abb. 63: Ein mitzuheftendes Vorsatz mit Extrascharnier.

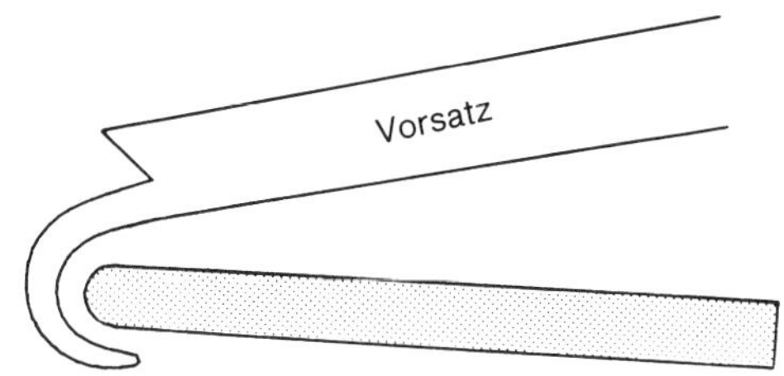

Stücke der Gaze werden mit Kleister auf den Vorsätzen befestigt. Danach kleben wir wieder einen Papierstreifen, der etwa 3 cm breiter als der Gazestreifen ist, über die ganze Länge des Rückens. Man kann zuvor noch Kapitalband anbringen, aber nötig ist das nicht.

Jetzt ist der Buchblock so weit gediehen, daß er eingebunden oder auf andere Weise fertiggestellt werden kann (kartoniert, Kartondeckel). Ein Runden des Rückens ist bei einem Einband ohne Heftung zwar möglich, eine starke Rundung jedoch ist vor allem bei weniger umfangreichen Büchern schwierig. Bevor man den Buchblock nun in den Einband klebt, kann natürlich an der Kopf-, Schwanz- und Vorderseite noch beschnitten werden. Wenn aber bereits Kapitalband angebracht worden ist, geht das nicht mehr. Kapitalband kann grundsätzlich nur nach dem Beschneiden aufgeklebt werden. In diesem Fall beschneidet man gleich, nachdem der Gazestreifen festgeklebt und getrocknet ist. Wenn ohne Kapitalband gearbeitet wird, müssen jetzt alle überstehenden Fäden der Gaze an Kopf und Schwanz abgeschnitten werden.

Das Einbinden in Sammeleinbände

Viele Verleger liefern zu den Zeitschrift-Jahrgängen, die sie herausgeben, Einbanddecken, in welche der Jahrgang, wenn er vollständig ist, eingebunden werden kann (siehe **Abb. 64**). Bei der Herstellung dieser Einbände berücksichtigt der Verleger, daß der Buchbinder verschiedenes von der Zeitschrift entfernt, bevor er sie heftet. Außerdem berücksichtigt der Verleger, daß dem Jahrgang beim Binden noch einige Seiten, wie Inhaltsverzeichnis und Stichwortregister, hinzugefügt werden.

Die Textseiten sind meistens durchnumeriert (pa-

Abb. 64: Das Einbinden von Zeitschriften in einen Deckenband.

giniert). Daran kann man sich halten. Bei den nicht paginierten Seiten handelt es sich häufig um Anzeigenseiten, wie sie vorn oder hinten in Zeitschriften zu finden sind. Inhaltsangabe, Stichwortregister, Namensverzeichnis usw. sind entweder gar nicht oder in einer anderen Form paginiert.

Wenn man von den letztgenannten Ausnahmen absieht, kann man es als Regel gelten lassen, daß nicht paginierte Seiten sowie die Umschläge der Zeitschriften herausgenommen und nicht mit eingebunden werden.

Nachdem die Heftklammern bzw. der Heftzwirn entfernt sind, wird zunächst überprüft, ob die Einbanddecke paßt. Dabei muß berücksichtigt werden, daß der Rücken durch den Heftzwirn noch etwas dicker wird. Außerdem bringen wir ja auch noch die Vorsätze an. Wenn unter Berücksichtigung der genannten Punkte der Eindruck entsteht, die Decke sei noch zu weit (was auf einer gewissen Erfahrung beruht), dann ist es möglich, den Zeitschriftenblock dadurch voluminöser zu gestalten, daß man die Vorsätze auch mit einheftet. Man kann sogar mit den Vorsätzen zusätzlich noch ein besonderes »Scharnier« einarbeiten. In beiden Fällen legt man den doppelt gefalteten Rücken des Vorsatzes etwa 0,5 cm um die erste und um die letzte Lage herum. Das besondere »Scharnier« besteht dann aus einer Extrafalte an der Ober- bzw. Unterseite. Beide Methoden garantieren ein einwandfreies Aufschlagen des Buches und verleihen auch etwas mehr Festigkeit. Auf den **Abb. 62** und **63** werden diese Arbeitsweisen schematisch dargestellt. Am besten ist es, diesen Einschlag der Vorsätze um ein Stück Pappe herum, das die Stärke einer Lage hat,

vorzufalzen. Im übrigen ist es beim Einbinden besonders schwerer Bücher immer anzuraten, die Vorsätze mitzuheften.
Das Heften von Zeitschriftenjahrgängen geschieht am besten auf einer Heftlade und indem man zwei Lagen zugleich heftet. Handelt es sich um Zeitschriften aus volumigem Papier, dann kann man jede Lage für sich allein oder auch auf Bändern heften. Man kann hier keine allgemeingültigen Richtlinien geben. Die eigene Erfahrung erst wird zur richtigen Entscheidung führen. Es ist sehr hilfreich, sich die Art der Heftung alter, handgebundener Bücher anzuschauen und sich daraus Anregungen zu holen. Verfügt man selbst nicht über solche Exemplare, besteht immer die Möglichkeit, sich bei einem Buchantiquariat umzuschauen!
Nach dem Heften kann das Buch auf die im vorhergehenden Kapitel beschriebene Weise fertiggestellt werden.
Noch ein Rat hinsichtlich der Sammeleinbände: Wenn man nicht gleich dazu kommt, einen Jahrgang einzubinden, und wenn die Sammeleinbände so, wie sie der Verleger ausgeliefert hat, noch eine Weile liegenbleiben, dann sollte man sie mit der Innenseite nach außen aufbewahren. So bleiben die Einbände von außen sauber.
Beim Runden eines Sammeleinbandes muß sehr vorsichtig vorgegangen werden. Wenn nämlich Leinen von geringer Qualität verwendet wurde oder wenn es sich um Leinen handelt, das durch langes Liegen schon etwas ausgetrocknet ist, kann es vorkommen, daß das Leinen beim Runden reißt. Das kann auch mit dem Papierstreifen an der Innenseite des Rückens passieren. Deshalb sollte man einen Sammeleinband vor dem Runden erst an der Innenseite des Rückens etwas anfeuchten und ihn dann so lange zur Seite legen, bis die Feuchtigkeit in das Papier hineingezogen ist. Erst danach kann man beginnen, den Einband mit größter Vorsicht zu runden, wie es im Kapitel »Das Anbringen der Einbanddecken an ein geheftetes Buch« beschrieben worden ist.

Das Einbinden von Zeitschriften in einen selbstangefertigten Einband (Deckenband)

Ein Einband, der (wie im vorigen Kapitel beschrieben) getrennt vom Buchblock angefertigt worden ist, wird »Deckenband« genannt. Im Prinzip ist ein Sammelband also auch ein Deckenband. Die Arbeitsweise des Einbindens unterscheidet sich in keiner Weise von der, die wir beim Einbinden eines normalen Buches kennengelernt haben. Es müssen nur bei Zeitschriften einige Seiten entfernt werden (Umschläge und nicht paginierte Seiten). Vielleicht will man dafür ein Inhaltsverzeichnis oder ein Stichwortregister hinzufügen. Ein Inhaltsverzeichnis heftet man in der Regel vorn und ein Stichwortregister hinten mit ein. Selbstverständlich müssen auch noch die Vorsätze hinzugefügt werden.
Es gibt auch Zeitschriftenjahrgänge, die in einem Einband zu dick werden könnten. Man teilt dann die Hefte in zwei etwa gleich dicke Stapel und fertigt vier Vorsätze und zwei Deckenbände an. Wird auf der Heftlade geheftet, so muß man daran denken, daß die erste und die letzte Lage jedes Stapels nicht mit eingesägt werden.
Titel und Numerierung können mit sog. Transferbuchstaben auf dem Buchrücken angebracht werden. Diese Buchstaben können nur auf sehr glattem Leinen verwendet werden. Weitere Einzelheiten hierüber sind in den Kapiteln »Die Möglichkeiten der Einbanddekoration« und »Materialien und Werkzeuge« zu finden.

Zusammenfassung der grundlegenden Arbeitsgänge

Wer die Beschreibungen der fünf vorhergehenden Kapitel tatsächlich nachvollzogen hat, mußte wahrscheinlich feststellen, daß es ihm an der für diese Arbeit erforderlichen Geschicklichkeit noch fehlt. Er sollte sich aber dadurch nicht entmutigen lassen, sondern den jeweiligen Ursachen auf den Grund gehen. Wenn man die gleiche Tätigkeit immer wieder ausführt und übt, bekommt man nach einiger Zeit auch den richtigen »Dreh« heraus. Dann wird es beispielsweise auch gelingen, den Kleister bzw. Leim nur noch dort anzubringen, wo er tatsächlich hingehört, während die Finger, die Außenseite des Leinens oder des Marmorpapiers sauber bleiben. Da gerade das Anschmieren (Auftragen) von Leim oder Kleister anfangs die meisten Schwierigkeiten mit sich bringt, wollen wir mit einigen Ratschlägen beginnen.

A. Die Arbeit mit Leim und Kleister

1. Es sollten uns möglichst zwei runde Pinsel zur Verfügung stehen, ein großer und ein kleinerer, mit einem Durchmesser (Haaransatz) von 3 cm und 1 cm. Von Nylonpinseln muß abgeraten werden.

2. Wir haben immer ein sauberes Tuch griffbereit, an dem wir die Finger abwischen können.

3. Leim und Kleister sollten nie zu dickflüssig sein, denn einerseits lassen sie sich dann schwerer auftragen und andererseits ist die Klebkraft geringer, was doch eine wichtige Rolle spielt. Zu dickflüssiger Leim bzw. Kleister bleibt nämlich auf der eingestrichenen Fläche liegen, wogegen dünnerer Klebstoff in das Material eindringt und dadurch eine bessere Haftung garantiert.

4. Heißer Knochenleim, Kunstharzkleber oder Kleister werden grundsätzlich mit Wasser verdünnt.

5. Wir können für alle drei Klebstoffarten die gleichen Pinsel verwenden, aber sie müssen nach jedem Gebrauch gereinigt werden!

6. Das Anschmieren (Auftragen) geschieht auf einer sauberen, trockenen Unterlage, die sich leicht pflegen läßt. Die einfachste und billigste Unterlage ist ein Stapel Zeitungspapier, weil man nach jedem Anschmieren (Bestreichen) eines Werkstückes ein Blatt der Zeitung umschlagen kann und somit wieder eine frische, trockene Unterlage hat.

7. Es wird grundsätzlich sternförmig angeschmiert (aufgetragen). Man streicht also von der Mitte aus zu den Seiten hin. Das Werkstück wird dabei gut angedrückt, damit es sich nicht verschieben kann. Auf den Pinsel aber darf kein starker Druck ausgeübt werden. Die Stellen, an denen man das zu bearbeitende Stück auf dem Tisch festgehalten hat, werden erst im letzten Augenblick mit etwas Leim oder Kleister betupft.

8. Papier, insbesondere Marmorpapier, hat die Neigung, sich nach dem Anschmieren (Klebstoffauftrag) in der Querrichtung zu dehnen und zu wellen. Darum ist es gut, dieses Material nach dem Anschmieren (Bestreichen) eine Zeitlang ruhen zu lassen, es »einzuweichen«, wie es auch bei Tapeten üblich ist. Wir legen also das Papier vorsichtig doppelt übereinander und lassen es etwas liegen, bevor wir es aufkleben. Da der Kleister bei Marmorpapier sehr rasch eintrocknet, ist es empfehlenswert, ihn etwas großzügig anzuschmieren (aufzutragen). Auch hierfür gilt die alte Regel, daß die Erfahrung der beste Lehrmeister ist.

9. Sehr kleine Stücke, z. B. Reparaturstreifen, kann man auch auf indirekte Weise anschmieren (bestreichen). Dazu streicht man etwas Kleister auf ein Zinkblech oder eine Glasplatte, legt den Papierstreifen darauf, drückt ihn fest in den Kleister und hebt ihn dann schnell mit der Spitze des Buchbindermessers an den Platz seiner Bestimmung.

B. Das Auseinandernehmen und Säubern eines alten Buches

1. Die Einbanddeckel und den Rücken entfernen. Schnüre oder Bänder, soweit vorhanden, im Rückenfalz durchschneiden.

2. Rückstände von Leim, Papier und/oder Leinen am Rücken entfernen.

3. Der Heftzwirn durchschneiden und die Lagen eine nach der anderen lösen.

4. Die Lagen säuber. Alle Leimreste, auch die in den Heftlöchern, entfernen.

5. Mögliche Eselsohren zurückfalten, die besonders hartnäckigen etwas anfeuchten.

C. Das Reparieren

1. Löcher und Risse in den Seiten mit dünnem Papier, z. B. Durchschlagpapier, reparieren. Bei Textseiten oder Illustrationen am besten noch dünneres Papier, beispielsweise Zigarettenpapier oder japanisches Seidenpapier, verwenden. Hierbei ist Vorsicht geboten! Die Stücke dürfen nicht zu groß sein.

2. Wenn erforderlich, einen Streifen in den Bruch eines Doppelbogens kleben. Den Streifen so schmal wie möglich halten, keinesfalls breiter als 1,5 cm.

3. Den Streifen ausschließlich auf der Innenseite des Doppelbogens anbringen. Die linke Seite, auf welche die eine Hälfte des Streifens kommt, hat dann eine gerade Seitennummer.

4. Prinzipiell möglichst wenig Reparaturstreifen anbringen. In dringenden Fällen ausschließlich auf die äußere und/oder innere Doppelseite der Lage kleben.

5. Ist der Bruch einer Doppelseite auf faserige Weise durchgescheuert, so daß nicht mehr ausgemacht werden kann, wohin der Reparaturstreifen eigentlich geklebt werden muß, wird ein Rahmen auf einen glatten Untergrund, z. B. auf eine Zink-, Glas- oder beschichtete Sperrholzplatte, gezeichnet, für den eine unbeschädigte Doppelseite aus dem jeweiligen Buch als Vorlage dient. Innerhalb der Begrenzung dieses Rahmens können die beiden Hälften einer durchgerissenen Doppelseite dann fehlerlos mit einem Reparaturstreifen wiederhergestellt werden.

D. Das Heften

Entscheidend für die Frage, ob das Werkstück auf Schnur oder Band geheftet werden soll, ist der Grundsatz:

I. Einbände, die sich gut weit aufschlagen lassen müssen (z. B. Partituren), werden auf Band geheftet;

II. Bücher mit vielen dünnen Lagen heftet man auf Schnur.

I. Das Heften auf Bänder

1. Gazeband in einer Länge von 6 cm + der Stärke des Buchrückens abschneiden.

2. Den Buchrücken mit Bleistiftstrichen markieren: 1,5 cm vom Kopf und Schwanz entfernt die Fitzbünde anzeichnen. Den dazwischenliegenden Raum bei gängigen Buchformaten für 3, bei größeren Buchformaten für 4 oder mehr Bänder gleichmäßig verteilen.

3. Die Lagen gleichstoßen und mit der Unterseite nach oben hinlegen.

4. Die unterste Lage, die sich jetzt oben auf dem Stapel befindet, abnehmen und, mit dem Rücken zum Heftenden gerichtet, aufschlagen. Die Lage dann mit der freien Hand fest auf den Tisch drükken.

5. Leicht schräg vor der Arbeit sitzend, wird die erste Lage vom Schwanz zum Kopf geheftet. Linkshänder arbeiten entgegengesetzt.

6. Die zweite Lage auflegen und bis zum Fitzbund heften, wo der Anfang des Fadens aus der ersten Lage heraushängt. Dieses Fadenende kräftig in der Längsrichtung der Lage anziehen und mit einem Weberknoten am Heftfaden verknoten.

7. Die nächsten Lagen einheften, bis der Faden zu kurz geworden ist. Einen neuen Heftfaden folgendermaßen befestigen: Den neuen Faden in das Nadelöhr einfädeln, die Enden des alten und des neuen Fadens um die Nadelspitze schlingen und die Nadel um eine volle Umdrehung drehen. Danach die Nadel durch die entstandene Schlinge stechen und den Faden strammziehen. Zu lange Enden kürzen.

8. Der Knoten zweier auf diese Weise miteinander verbundener Fäden darf niemals an der Außenseite der Lagen liegen, nur für Partituren gilt das nicht. Dies muß beim Anknoten berücksichtigt werden.

9. Der Fitzbund ist auf **Abb. 25** dargestellt.

10. Wenn der ganze Buchblock geheftet ist, werden beide Vorsätze mit Kleisterstreifen von 3 bis 5 mm vorgeklebt. Die Bänder werden schräg abgeschnitten.

11. Wurden die Vorsätze bereits mitgeheftet, nur die Bänder abschneiden.

12. Den Rücken mit dünnem, heißem Leim anschmieren (bestreichen). Den Leim gut mit dem Finger einreiben.

II. Heften auf Schnur

1. Den Buchblock gleichstoßen und zum Markieren in die Buchpresse spannen.

2. Die erste und letzte Lage aus der Buchpresse entfernen. Den restlichen Buchblock in der Presse lassen, wobei der Rücken etwa 1 cm herausragen soll.

3. Zwei dünne Einschnitte für die Fitzbünde und etwas breitere für 3 oder 4 Schnüre einsägen.

4. Die Einschnitte niemals tiefer sägen, als die Schnur stark ist.

5. Die Schnüre an der Heftlade anbringen und den Sägeeinschnitten entsprechend einstellen.

6. Nur bei volumigem Papier jede Lage für sich heften.

7. Bei vielen dünnen Lagen aus glattem Papier zwei Lagen zugleich unter Zuhilfenahme des »Herzens« heften.

8. Die beiden ersten und die beiden letzten Lagen werden immer für sich allein geheftet.

9. Den Heftfaden grundsätzlich um die Schnüre herumführen, niemals durch sie hindurchstechen.

10. Nach dem Heften die Vorsätze anbringen, sofern sie nicht mit eingeheftet wurden.

11. Den Rücken mit dünnem, heißem Leinen anschmieren (bestreichen) und diesen gut mit dem Finger einreiben. Aufpassen, daß die Enden der Schnüre leimfrei bleiben.

E. Das Beschneiden und Abarbeiten des Buchblockes

Die richtige Reihenfolge, in der das Beschneiden und das Runden zu geschehen hat, ist zu beachten!

1. Wenn der Rücken des Buchblockes trocken ist, die vordere Buchkante beschneiden.

2. Runden (sofern gewünscht) sofort nach dem Beschneiden der Vorderkante vornehmen. Den Rücken eventuell vor dem Runden etwas anfeuchten, falls er zu steif geworden sein sollte.

3. Die Bänder mit Kleister auf die Vorsätze kleben bzw.

4. die Schnüre ausfasern und mit Kleister auf die Vorsätze kleben.

5. Schwanz und Kopf beschneiden.

6. Falls es gewünscht wird, jetzt das Kapitalband anbringen.

7. Den Papierstreifen für den Rücken mit Kleister anschmieren (bestreichen).

8. Heißen Leim auf den Rücken in normaler Stärke auftragen.

9. Den Papierstreifen auf den Rücken und über die Bänder bzw. Schnüre kleben.

10. Den Buchblock unter schwachem Preßdruck trocknen lassen.

F. Verschiedene Methoden, um ein Buch mit einem Einband oder Umschlag zu versehen

I. Broschiertes, dünnes Buch mit weichem Umschlag

1. Der Umschlag wird mitgeheftet (Heft, Partitur).

2. Der Umschlag wird nicht mitgeheftet, sondern auf die erste und letzte Seite aufgeklebt. Er dient somit zugleich als Vorsatz. Eventuell werden Vorsätze mitgeheftet, auf die dann später der Umschlag geklebt werden kann.

II. Kartoniert, glatt beschnitten

1. Pappen schneiden, die an Kopf, Schwanz und Vorderschnitt dem Buchblock entsprechen, am Rücken aber 5 bis 7 mm kürzer als der Buchblock sind.

2. Die Pappen mit Kleister anschmieren (bestreichen) und auf die Vorsätze legen. Die Kopfseite ist die Basisanlage. Das Ganze dann einige Zeit beschwert liegen lassen.

3. Inzwischen einen Leinenstreifen zuschneiden (Laufrichtung Kopf-Schwanz beachten). Die Länge entspricht der Rückenlänge, bei der Breite eine Überlappung der Pappen von etwa 1 cm berücksichtigen.

4. Mit Bleistift auf den Pappen anzeichnen, wohin die Ränder des Leinenstreifens fallen.

5. Den Rücken des Buches mit heißem Leim anschmieren (bestreichen).

6. Den Leinenstreifen mit warmem Leim anschmieren (bestreichen).

7. Das Buch flach hinlegen, so daß der Rücken über den Tischrand hinausragt. Das Leinen auf den oberen Deckel legen, es dann mit dem Falzbein in den Rückenfalz einreiben und um den Rücken herumziehen. Das Buch umdrehen und den anderen Deckel abarbeiten. Kräftig mit dem Falzbein glätten.

8. Das Buch nunmehr einige Stunden zwischen den Preßbrettern pressen.

9. Das Marmorpapier in den Abmessungen der Pappen zuschneiden.

10. Das Marmorpapier mit Kleister anschmieren (bestreichen) und die Pappen damit kaschieren. Die Überlappung über den Rückenstreifen aus Leinen soll 3 mm betragen.

11. Vorderschnitt, Kopf und Schwanz beschneiden.

12. Das Buch noch einige Stunden pressen.

III. Kartoniert mit überzogenen Deckeln

1. Die Pappen entsprechend **F.II.1.** zuschneiden.

2. Die Pappen mit einem 0,5 cm breiten, heißen Leimanstrich in 5 bis 7 mm Entfernung vom Rükken seitlich der beiden Rückenfälze auf die Vorsätze kleben. Anschließend beschwert trocknen lassen.

3. Einen Leinenstreifen mit jeweils 1,5 cm Zugabe für den Einschlag an Kopf und Schwanz zuschneiden. Den Streifen anschmieren (bestreichen), den Buchrücken darauflegen, die flügelförmigen Aussparungen an Kopf und Schwanz wegschneiden. Den Leinenstreifen auf die Deckel kleben und an Kopf und Schwanz einschlagen.

4. Das Marmorpapier zuschneiden. Die Zugabe für den Einschlag an Kopf, Schwanz und Vorderschnitt beträgt 1,5 cm. An der Seite des Rückenfalzes soll das Marmorpapier höchstens 5 mm über das Leinen reichen.

5. Das Marmorpapier mit Kleister anschmieren (bestreichen) und auf den oberen Deckel kleben. Die Ecken im Winkel von 45 ° abschneiden.

6. Das Papier am Vorderschnitt nach innen umschlagen und festkleben.

7. Hochstehende Teile an den Ecken schnell gegen die Stirnseiten der Pappen drücken und anschließend das Marmorpapier an Kopf und Schwanz des Buches umschlagen und festkleben.

8. Den unteren Einbanddeckel auf die gleiche Weise behandeln.

9. Die Einbanddeckel nacheinander aufschlagen, die Vorsätze mit Kleister anschmieren (bestreichen) und die Deckel dann vom Rücken aus gleichmäßig vorkleben und andrücken.

10. Das Buch nun einige Stunden zwischen Preßbrettern und sauberen Pappen kräftig pressen.

11. Nach der Trocken- und Preßzeit den ursprünglichen Umschlag wieder vorkleben oder das Buch auf eine andere Weise mit einem Titel versehen.

IV. Kartoniert mit überzogenen Deckeln und Leinenecken (eingeheftete oder Halbleinen-Ausführung)

1. Die Pappen so ausschneiden, daß sie an Kopf, Schwanz und Vorderschnitt 3 mm überstehen, am Rücken aber wegen des Rückenfalzes 5 mm kürzer als der Buchblock sind.

2. Aus kräftigem Papier einen Streifen ausschneiden, der in der Länge mit den Pappen übereinstimmt. Die Breite ist gleich der Rückenbreite plus 6 cm.

3. Aus Karton einen Streifen ausschneiden, der die Länge der Pappen und die Breite des Buchblockrückens hat.

4. Den Kartonstreifen mit heißem Leim auf den Papierstreifen kleben.

5. Die Pappen ebenfalls mit heißem Leim rechts und links neben den Kartonstreifen kleben, wobei der Platz für den Rückenfalz berücksichtigt werden muß.

6. Den Leinenstreifen für den Rücken und die Ecken zuschneiden. Die Breite des Streifens sowie die Größe der Ecken aufeinander abstimmen, wobei die Pappen entsprechend der **Abb. 51** in vier imaginäre Bahnen eingeteilt werden.

7. Den Leinenrücken auf den Kartonrücken und die Pappen kleben. Die Einschläge umlegen, festkleben und die Rückenfälze gut einreiben.

8. Die Leinenecken aufkleben. Die hochstehenden Kanten nach dem Umschlagen einer Seite gegen die Stirnseite der Pappe drücken.

9. Das Marmorpapier so zuschneiden, daß die schrägen Ecken 3 mm über den Leinenecken liegen. Auch an der Rückenseite liegt das Marmorpapier 3 mm über dem Leinen. Für den Einschlag an Kopf, Schwanz und Vorderschnitt eine Zugabe von 1,5 cm berücksichtigen.

10. Das Marmorpapier vorkleben.

11. Den Buchblock in den Einband hängen, die Vorsätze dabei nacheinander anschmieren (bestreichen). (Siehe auch die Arbeitsweise unter **G.** »Das Anfertigen von ganzleinenen Deckenbänden«.)

12. Einige Stunden pressen. Der Rücken muß dabei frei herausragen, wird also nicht mit eingespannt.

Die unter **F.IV.** beschriebenen Arbeitsvorgänge sind mit der Anfertigung eines Deckenbandes nahezu identisch. Der einzige Unterschied liegt in der Verwendung von Leinen in Verbindung mit Marmorpapier. Eigentlich kann man dies keine kartonierte Ausführung mehr nennen. Bei dieser Art des Einbandes verwendet man keinen Papierstreifen und auch keine Rückeneinlage aus Karton. Die Pappen werden direkt auf das Leinen geklebt, das Leinen an Kopf und Schwanz auf die Pappen umgeschlagen und der Rücken des Buches mit heißem Leim unmittelbar auf das Leinen des Rückens geklebt.
Die restlichen Bearbeitungen stimmen mit den unter **F.IV.** beschriebenen überein. Der Unterschied zwischen:

a) kartoniert mit überzogenen Deckeln und Ecken und

b) eingeheftet

besteht nur darin, daß bei **a)** das Leinen für den Rükken unmittelbar auf den Buchrücken geklebt wird.

G. Das Anfertigen von ganzleinenen Deckenbänden

1. Die gleichen Arbeitsgänge, wie sie unter 1 bis 5 in **F.IV.** beschrieben wurden.

2. Ein durchgehendes Leinenstück für den Rükken und beide Einbanddeckel zuschneiden. Umschlag von 1,5 cm an allen Seiten einrechnen.

3. Das Leinen mit heißem Leim anschmieren.

4. Die Deckel auf das Leinen kleben. Es wird von Vorderkante zu Vorderkante gearbeitet. Die Kartoneinlage des Rückens kommt auf das Leinen.

5. Kontrollieren, ob auch keine Luftblasen vorhanden sind.

6. Die Ecken schräg abschneiden.

7. Das Leinen zuerst am Kopf, danach am Schwanz einschlagen.

8. Die hochstehenden Kanten gegen die Stirnseite der Pappe drücken, anschließend die Vorderseiten einschlagen.

9. Den Rückenfalz mit dem Falzbein einreiben.

10. Kontrollieren, ob der Buchblock paßt. Dann den Deckenband zum Trocknen weglegen.

11. Den Rücken runden und den Buchblock nochmals in den Deckenband einpassen.

12. Den Buchblock in den Deckenband kleben.

13. Das Buch zwischen sauberen Pappen und Preßbrettern einige Stunden kräftig pressen. Die Preßbretter bis an den Rückenfalz legen, so daß der Rücken frei herausragt.

Um schöne scharfe Rückenfälze zu erzielen, kann eine Stricknadel im Falz mitgepreßt werden. Die Stricknadeln liegen dann gerade noch unter den Preßbrettern. Es gibt auch Preßbretter, die einen hochstehenden Rand haben. Dieser darf aber keinesfalls höher als 2 mm sein, sonst kann das Leinen während des Pressens einreißen.

Der Deutsche, Französische und Englische Einband

Der Deutsche Einband

Allen Einbindearten, die wir bis einschließlich des vorhergehenden Kapitels beschrieben haben, liegt im Prinzip die deutsche Einbindeweise zugrunde, die im ersten Viertel des neunzehnten Jahrhunderts von dem Deutschen Alexis René Bradel entwickelt wurde. Bis zu der Zeit ist fast ausschließlich nach der französischen oder der englischen Methode gearbeitet worden, wobei das verwendete Material immer Leder oder Pergament war. Da einerseits die Auflagen, in denen die Bücher verlegt wurden, ständig anstiegen und andererseits das Einbinden in Leder und Pergament eine teure Angelegenheit war, erfand Bradel seine einfachere und billigere Einbindeweise. Er ließ sich 1823 in Paris als Buchbinder nieder, wo seine Bindeart bald als »Cartonnage à la Bradel« bekannt wurde.
Was ihm vorschwebte, war ein gut und möglichst preiswert eingebundenes Buch, das dem Besitzer jederzeit die Möglichkeit bot, es später in der bewährten französischen Methode neu einbinden zu lassen.

Daher hatte der »Bradeleinband« die nachstehenden Merkmale:

- Die Bücher waren auf Bändern oder Hanfschnur geheftet, ohne vorher eingesägt worden zu sein.
- Die Lagen waren ebarbiert. Das bedeutet, daß man darin nur die herausragenden Blätter abgeschnitten hatte, damit sich am Schnitt nicht zu große Unterschiede zwischen den einzelnen Seiten ergaben. Das Ganze machte einen etwas ausgefransten Eindruck. Am Kopf waren die Lagen in der Regel überhaupt nicht beschnitten, so daß der Leser sie erst selbst aufschneiden mußte.
- Der Rücken wurde nicht mit Kapitalband versehen und nur dünn überleimt, so daß das Buch ohne Beschädigungen wieder auseinandergenommen werden konnte.
- Der Einband wurde aus Papier angefertigt, das man häufig mit einem Stück Leder am Kopf und Schwanz verstärkte, da es damals noch kein Buchbinderleinen gab.

Im Laufe der Jahre änderte sich die »Bradel-Bindeweise« vor allem durch das Aufkommen anderer Materialien (wie z. B. Buchbinderleinen) so erheblich, daß von der ursprünglichen »Bradel-Methode« kaum mehr die Rede sein konnte. Seitdem spricht man vom »Deutschen Einband«. Es ist paradox, daß sich diese Art des Einbindens sowohl zu einer sehr luxuriösen Methode des Handbuchbindens als auch zu den maschinell angefertigten Broschüren weiterentwickelt hat.
Wie wir bereits zu Beginn dieses Kapitels feststellten, ist bis einschließlich des vorhergehenden Kapitels das Handbuchbinden nach der deutschen Methode beschrieben worden. Zu diesem Thema sollten vielleicht noch einige Vorgänge erwähnt werden, die bis jetzt noch nicht zur Sprache gekommen sind.

Das Einsägen

Im Gegensatz zum ursprünglichen »Bradeleinband« wird der Rücken moderner Bücher eingesägt, und zwar so, wie es im Kapitel »Das Heften« beschrieben wurde. Bezüglich der Verteilung der Sägeeinschnitte auf dem Rücken verweisen wir auf **Abb. 32** im Kapitel »Das Heften«. Die erste und die letzte Lage werden nicht eingesägt. Da das Einsägen in engem Zusammenhang mit der Art der Vorsätze steht, die jeweils angebracht werden sollen, wollen wir nachstehend auf diese Methode näher eingehen.

Vorsätze und Verstärken der Lagen

Der Rückenfalz, also das »Scharnier«, ist bei der deutschen Bindeweise der empfindlichste Punkt.

Dieses »Scharnier« kann auf mehrere Arten verstärkt werden.

a) Die erste und die letzte Lage werden mit einem Streifen Baumwollstoff, beispielsweise von einem Bettlaken, verstärkt. Diesen sog. Schirtingstreifen, der eine Breite von etwa 1 bis 1,5 cm haben soll, kleben wir in den Bruch der äußersten Blätter der ersten und der letzten Lage.
Außerdem bringen wir um die erste und die letzte Lage noch einen breiten Schirtingstreifen an. Dabei handelt es sich um einen Streifen aus weißem Papier, der ebenso lang wie die Rücken der Lagen und etwa 6 cm breit sein soll. Hierbei muß unbedingt auf die Laufrichtung des Papiers geachtet werden! Nun schmieren wir den Streifen mit einem Kleisterrand von ungefähr 3 mm Breite an, legen die Lage auf den Kleister und falten den Streifen um sie herum. Später klebt man die Vorsätze, die nicht mitgeheftet werden sollen, unter den Schirtingstreifen. Auf diese Weise werden die Heftbänder bzw. die ausgefaserten Schnüre dann nicht auf die Vorsätze, sondern auf die Schirtingstreifen geklebt. Auf **Abb. 65** ist diese Verstärkungsweise schematisch dargestellt.

b) Bei sehr schweren Büchern ist es empfehlenswert, zusätzlich zu den unter **a)** beschriebenen Arbeitsgängen die Vorsätze noch mitzuheften. Die Schirtingstreifen werden dann zunächst fest auf das doppelt gefaltete Vorsatz geklebt und mit diesem zusammen um die Lagen gelegt (siehe **Abb. 66**).
Das beste Ergebnis erzielen wir dabei, wenn wir Vorsatz und Schirtingstreifen vorher um ein Stück Pappe falten, das die gleiche Stärke wie die Lage hat. Auf diese Weise läßt sich der Bruch mit dem Falzbein sauber und glatt vorfalzen.
Beim Heften dürfen wir nicht vergessen, die Lagen, um welche die mitzuheftenden Vorsätze angebracht worden sind, vorzustechen. Dabei führen wir die Nadel von innen nach außen. Bei der untersten Lage stechen wir leicht schräg nach oben und bei der letzten zu heftenden Lage leicht schräg nach unten, damit die Heftlöcher im Bruch des Vorsatzes nicht sichtbar sind.

Kleistern

Da die erste und die letzte Lage nicht mit eingesägt worden sind, können sie sich beim Runden ver-

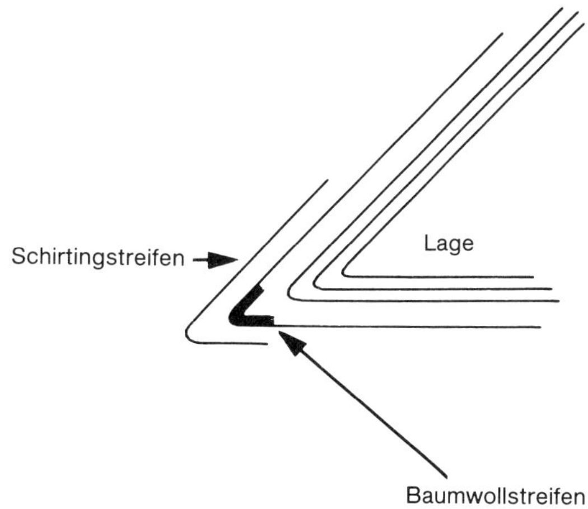

Abb. 65: Schematische Darstellung eines verstärkten Vorsatzes mit Schirtingstreifen.

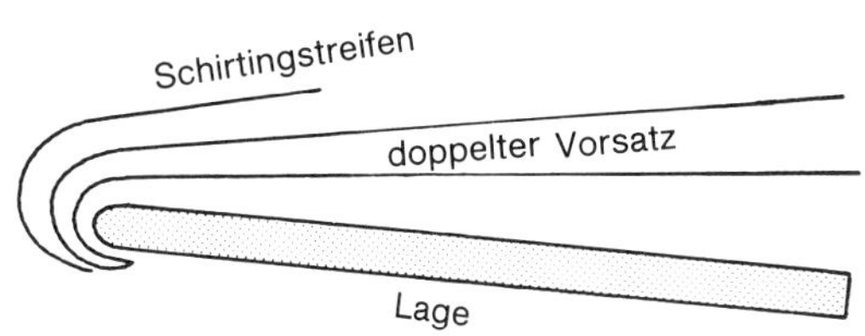

Abb. 66: Schematische Darstellung eines miteinzuheftenden doppelten Vorsatzes mit Schirtingstreifen.

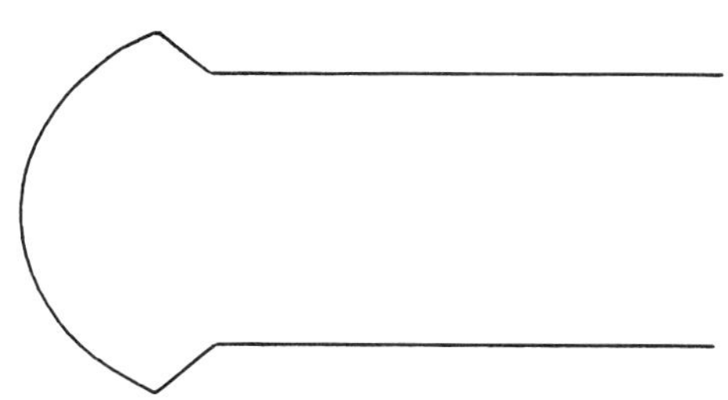

Abb. 67: Rückenfalz und gerundeter Rücken eines Deutschen Einbandes.

Abb. 68: Der Buchblock mit den Falzbrettern in der Presse.

schieben. Um das zu verhindern, werden diese Lagen mit einem schmalen Kleisterstreifen (3 mm Breite) an den darüber bzw. darunter befindlichen Lagen befestigt.
Dieses sog. Kleistern wird auch dann angewendet, wenn Lagen beim Runden zurückrutschen. In einem solchen Fall schlagen wir das Buch auf und kleben die »aus dem Band gerutschte« Lage mit einem schmalen Kleisterstreifen fest. Bevor wir mit dem Runden fortfahren können, muß das gekleisterte Buch erst unter leichtem Preßdruck trocknen.

Abpressen oder Falzanklopfen

Bis jetzt haben wir nur über das Runden gesprochen. Dieses Runden hatte in erster Linie den Zweck, dem Buchrücken ein schöneres Aussehen zu verleihen und dem Leser eventuell das Umlegen der Seiten durch den nach innen gewölbten Vorderschnitt zu erleichtern. Diese Annehmlichkeit beschränkt sich jedoch nur auf die erste Hälfte des Buches. Fragen, die das Runden des Rückens betreffen, werden nach dem Kapitel »Das Abarbeiten des Buchblocks« behandelt.
Da wir uns aber jetzt mit den Unterschieden zwischen der deutschen, der französischen und der englischen Bindeweise befassen wollen, müssen wir ausführlicher auf das Runden eingehen und auch das Einreiben des Rückenfalzes zur Sprache bringen. Dabei wird sich zeigen, daß das Runden doch nicht nur aus ästhetischen Gründen durchgeführt wird, sondern eine darüber hinausreichende Funktion erfüllt.
Betrachten wir zunächst einmal die **Abb. 67.** So sieht der Rücken eines Buches aus, der auf die im Kapitel »Das Abarbeiten eines Buchblocks« beschriebene Art gerundet wurde. Es ist deutlich zu erkennen, daß der Rückenfalz eine leichte Schrägung nach oben aufweist (auf der Abbildung wurde dies etwas übertrieben). Wenn der Rücken eines Buches beispielsweise durch die Verwendung von zu dickem Heftzwirn sehr voluminös ist, können die Rückenfälze etwas erhöht werden, damit sich die Rundung des Rückens nicht zu stark wölbt. In einem solchen Fall geschieht das Runden gezielt. Man nennt das »Falzanklopfen«. Hierbei geht man folgendermaßen vor:
Man preßt das Buch zwischen zwei Hartholzbretter aus Buche, Eiche oder etwas ähnlichem. Es müssen Bretter mit abgeschrägten Oberkanten sein, auf denen eventuell noch Metallstreifen angegebracht worden sind (s. **Abb. 68** und Kapitel »Materialien und Werkzeuge«). Bevor man die Arbeit mit dem Hammer beginnt, gilt es zu beachten, daß die Rükkenfalze bei der deutschen Bindeweise nicht so weit angeklopft werden, daß sie senkrecht zum Buch stehen. Sie bleiben schräg, wie es auf **Abb. 67** dargestellt ist. Der senkrecht geschlagene Rückenfalz ist ein typisches Merkmal des Französischen und des Englischen Einbandes. Beide sollen anschließend in diesem Kapitel besprochen werden.
Wie beim Runden darf auch beim Rückenfalzanklopfen die Schlagfläche des Hammers weder senkrecht auf den Rücken noch gar auf den Rükkenfalz gerichtet sein. Der Kopf des Hammers muß eine vom Rücken bzw. vom Rückenfalz wegschlagende Bahn beschreiben. Selbstverständlich wird auch niemals auf die Heftschnüre bzw. -bänder geschlagen, sondern immer dazwischen.

Das Abarbeiten des Buchblockes

Wir wollen nun den Buchblock mit einem festen Einband versehen, also nicht mit einem gesondert angefertigten Deckenband, was natürlich auch immer möglich ist.
Zunächst wird an Kopf und Schwanz Kapitalband angebracht. – Auf das handgestochene Kapitalband kommen wir beim Französischen Einband noch zurück. – Wir schneiden einen zum Überleimen bestimmten Streifen Papier ab, bei dem die richtige Laufrichtung zu beachten ist. Der Streifen soll so lang sein, daß er gerade zwischen die überstehenden Stücke des Kapitalbandes paßt. Nun schmieren wir den Buchrücken mit dünnem, heißem Leim und Papierstreifen mit Kleister an. Durch diese Kombination von Leim und Kleister wird eine besonders gute Biegsamkeit des Rückens gewährleistet.
Manche Buchbinder bedienen sich einer etwas abweichenden Arbeitsweise: Sie schmieren den Rükken direkt nach dem Runden, also vor dem Anbringen des Kapitalbandes, mit einer dünnen Leimschicht an. Wir erinnern uns, daß schon vor dem Runden eine dünne Leimschicht angebracht worden war. Diese zweite Leimschicht wird gut zwischen die Lagen eingerieben, bevor eine dritte dünne Leimschicht aufgetragen wird. Diese dritte Schicht muß erst gut getrocknet sein, bevor die Ar-

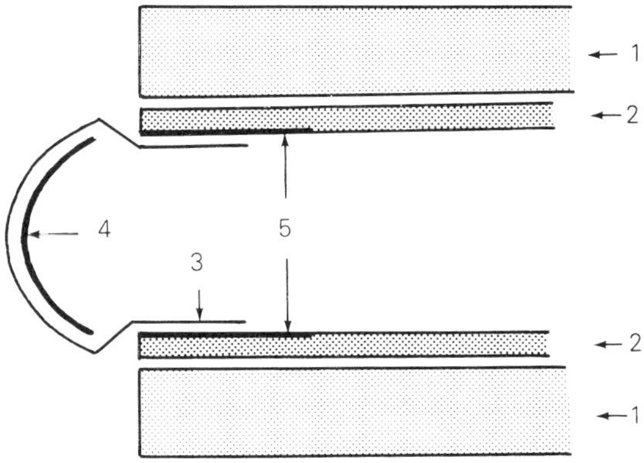

1 = Preßbretter
2 = Deckelpappen
3 = überfassender Papierstreifen
4 = Rückeneinlage (Kartonrückenstreifen)
5 = Leimstreifen auf den Deckelpappen

Abb. 69: Der Rücken ragt über die Preßbretter hinaus.

beit mit den Kapitalbändern begonnen werden kann. Danach wird noch eine vierte Leimschicht in Kombination mit dem Kleister des Überleimstreifens angebracht. Diese Arbeitsweise erfordert selbstverständlich mehr Zeit, aber sie hat den Vorteil, daß sie einen außerordentlich kräftigen Rükken garantiert. Außerdem ist die Rundung des Rükkens jetzt derart fixiert, daß ein Zurückfedern ausgeschlossen ist.

Mit dem Anbringen des Überleimstreifens entfernen wir uns von der Bearbeitungsweise, die wir bis zum vorigen Kapitel beschrieben haben. Es wird ein Rückenstreifen aus Karton oder dünner Graupappe ausgeschnitten, der genauso breit sein muß wie der Buchblockrücken, von Falz zu Falz gemessen. Auf keinen Fall breiter! Der Streifen darf eher eine Kleinigkeit schmaler sein (höchstens 1 mm). Die Länge muß der Höhe der Deckelpappen entsprechen, jedoch ist es vielleicht besser, den Streifen erst 1 bis 2 cm länger zu halten.

Danach schneiden wir aus kräftigem Papier einen Streifen, der 6 cm breiter als der Rückenstreifen ist. Auch diesen Streifen halten wir 1 bis 2 cm länger als die Höhe der Deckelpappen. Selbstverständlich überzeugen wir uns von der richtigen Laufrichtung. Der Rückenstreifen muß nun rundgebogen werden, beispielsweise um einen Besenstiel herum, wobei er natürlich nicht brechen darf. Es gilt also, vorsichtig zu Werke zu gehen.

Dann schmieren wir den Papierstreifen mit dünnem, heißem Leim an und kleben den gerundeten Rückenstreifen so genau wie möglich in die Mitte des Papierstreifens. Das Ganze wird dann stramm um den Buchrücken gezogen, nachdem wir zunächst die Schirtingstreifen an der Rückenseite 1,5 bis 2 cm eingeschnitten haben. Dieses Einschneiden ist erforderlich, damit wir später das Leinen einschlagen können.

Der Buchblock wird jetzt genau bis zum Falz zwischen Preßbretter gelegt und dann einige Stunden gepreßt. Inzwischen haben wir natürlich bereits gemessen, wie groß die Pappen werden müssen. Wir sind davon ausgegangen, daß sie an Kopf, Schwanz und Vorderschnitt jeweils um 3 mm über den Buchblock hinausragen und im Rücken etwa 3 bis 5 mm vom Rückenfalz entfernt bleiben sollen. Das genaue Maß hierfür ist sowohl vom Buchumfang als auch von der Stärke des Leinens und der Pappen abhängig.

Nun können wir die Pappen zuschneiden. Wenn das Buch aus der Presse kommt, schmieren wir beide Pappen an der Falzseite mit Leim an. Der Leimstreifen soll etwas breiter sein als der um den Buchrücken gezogene Papierstreifen, den wir, bevor das Buch in die Presse kam, auf die Schirtingstreifen geklebt hatten.

Die Pappen werden jetzt auf die Leimstreifen gelegt und am Buch festgeklebt. An Kopf und Schwanz stehen der Rückenstreifen und das überfassende Papier etwas über die Pappen hinaus (da wir sie ja 1 bis 2 cm länger gehalten hatten). Nach dem Aufkleben der Pappen wird das Buch erneut einige Zeit gepreßt. Selbstverständlich muß der Rücken dabei wieder über die Preßbretter hinausragen (siehe **Abb. 69**).

Nun kommt das Überziehen der Deckelpappen. Aber bevor wir damit beginnen, müssen zunächst die Rückeneinlage und der überfassende Papierstreifen an Kopf und Schwanz auf die Länge der Pappen eingekürzt werden. Am besten geht das mit einem sehr scharfen sog. Teppich- oder Kartonmesser. Natürlich hätten wir den beiden Streifen von vornherein die Länge der Pappen geben können, jedoch hat die Erfahrung gelehrt, daß ein nach-

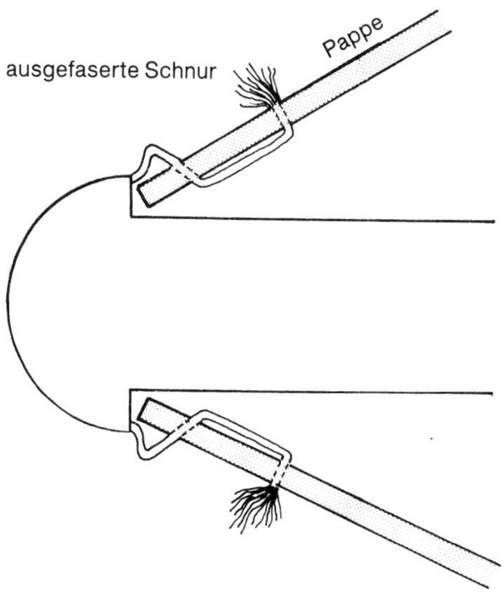

Abb. 70: Das Anbringen der Pappen bei der französischen Bindeweise.

trägliches Schneiden mit Hinblick auf übereinstimmende Länge mehr Sicherheit bietet. Wer eine gute Schere besitzt, kann auch diese anstelle des sog. Teppich- oder Kartonmessers benutzen.
Im Prinzip weicht die Arbeitsweise des Überziehens der Buchdeckel kaum von der im Kapitel »Das Anbringen des Einbandes an ein geheftetes Buch« für kartonierte Bücher mit überzogenen Buchdekkeln beschriebenen ab. Hier geht es nun um die Halbleinenausführung: Rücken und Ecken aus Leinen, Buchdeckel mit Marmorpapier oder ähnlichem Material beklebt. Wieder berücksichtigen wir die gleichmäßige Flächenverteilung. Der Dekkel wird in der Höhe in vier gleiche Bahnen unterteilt, wobei das Leinen für den Rücken und die Ekken innerhalb der beiden äußeren Bahnen liegen soll. Es ist zu empfehlen, die Einteilung mit Bleistift auf den Deckelpappen anzuzeichnen. Zunächst bringen wir den Leinenrücken an. Die Rückenfälze werden mit dem Falzbein scharf eingerieben und die Einschläge an Kopf und Schwanz ohne Falten und möglichst ohne Leimflecken umgelegt und festgeklebt. Die Schirtingstreifen hatten wir ja schon vorher eingeschnitten, um eben dieses Einschlagen zu ermöglichen.
Wenn wir den Rücken und die Ecken aus Leinen angebracht haben, schneiden wir das Marmor- oder Phantasiepapier maßgerecht zu. Das Papier soll nur mit einem schmalen Rand, höchstens 2 bis 3 mm breit, auf das Leinen geklebt werden. Beim Einschlagen des Papiers richten wir uns nach der eingeschlagenen Breite des Leinens. Das eingeschlagene Papier soll mit dem eingeschlagenen Leinen an der Innenseite der Buchdeckel ungefähr eine Linie bilden.
Im übrigen ist es auch möglich, ein nach dieser deutschen Methode bearbeitetes Buch in Ganzleinen fertigzustellen. Dafür ist allerdings schon eine gewisse Routine erforderlich, weil zugleich schnell und gut gearbeitet werden muß. Wenn man zu langsam arbeitet, besteht die Gefahr, daß die Einschläge des Leinens vorzeitig trocknen.
Der letzte Arbeitsgang ist das Vorkleben der Vorsätze. Wenn, wie bei der zuvor beschriebenen Methode, Schirtingstreifen verwendet wurden, so müssen wir jetzt erst den losen Teil dieser Streifen entfernen. Er wird nicht abgeschnitten, sondern abgerissen. Da wir in der Laufrichtung reißen, erhalten wir einen verhältnismäßig geraden Riß mit einem schönen weichen Rand, der nachher unter den Vorsätzen kaum mehr sichtbar ist.
Nach dem Vorkleben der Vorsätze wird das Buch wieder längere Zeit gepreßt.

Das Heften des Deutschen, Französischen und Englischen Einbandes

Da beim Englischen und Französischen Einband der angeklopfte Rückenfalz gebräuchlicher ist als bei der deutschen Bindeweise, spielen hierbei die Heftart und der verwendete Zwirn eine wichtige Rolle hinsichtlich des mehr oder weniger stark verdickten Rückens.
Zur Vermeidung von zu starker Steigung (Verdikkung) des Rückens bedient man sich vielfach der Arbeitsweise, bei der zwei Lagen zugleich geheftet werden (siehe Kapitel »Das Heften«). Diese Heftweise wird vor allem bei Büchern mit vielen Lagen angewendet. Als Faustregel für die Zwirnauswahl kann die nachstehende Zusammenfassung dienen.

Dicker Zwirn wird verwendet bei:

- wenigen Lagen
- dicken Lagen
- weichem, sog. volumigem Papier.

Dünner Zwirn wird verwendet bei:
- vielen Lagen
- dünnen Lagen
- hartem Papier.

Der Französische und Englische Einband

Nun sind wir bei dem »Nonplusultra« des Handbuchbindens angelangt.

Die Hauptmerkmale beider Bindearten:

a) Im rechten Winkel geklopfter Rückenfalz

b) Außenscharniere durch angeheftete Buchdeckel.

Die (geschichtlich gewachsenen) Unterschiede

a) Beim Englischen Einband wird der Rücken nicht eingesägt, daher bilden die Schnüre die »Bünde«. Aus diesem Grunde werden stärkere Schnüre verwendet als beim Französischen Einband (3 bis 5 mm stark und manchmal sogar doppelte Schnüre, beispielsweise bei großen Bibeln.)

b) Der Englische Einband hat echte »Bünde«, der Französische dagegen meistens nur Imitationsbünde.

Der wesentliche Unterschied besteht darin, daß die englische Einbindeweise aufgrund der nicht imitierten, echten Bünde nur noch für schwere, antike, in Leder oder Pergament gebundene Bücher angewendet wird.

Bei beiden Methoden jedoch ist die Ausführung des Scharniers der wichtigste Aspekt. Diese Art des Scharniers ist bedeutend stärker als das Innenscharnier des Deutschen Einbands, da die Heftschnüre fest mit den Pappen verbunden sind. Wie die schematische Darstellung auf **Abb. 70** zeigt, werden die Pappen mit auf die Schnüre geheftet und diese, nachdem sie fest angezogen worden sind, ausgefasert auf die Pappen geklebt.

Die englische Einbindeart unterscheidet sich nicht allzusehr von der französischen (beim Heften entfällt das Einsägen, wie schon erwähnt), aber die kleinen Unterschiede, die dennoch bestehen, machen das Einbinden nach der englischen Methode etwas schwieriger und arbeitsintensiver.

Wir werden uns damit begnügen, die französische Methode zu beschreiben. Dort, wo es erforderlich ist, werden wir auf die abweichenden Arbeitsweisen hinweisen, die beim Englischen Einband vorgenommen werden müssen. Wir gehen davon aus, daß der Französische Einband mit imitierten Bünden versehen wird. Die Bünde sind nämlich nicht notwendig. Ein Französischer Einband kann sehr gut ohne Bünde gearbeitet werden, denn das Wesentliche ist die Befestigung der Schnüre an den Pappen. Dies soll noch einmal betont werden. Bei der französischen Methode dienen die Bünde eigentlich nur der Verzierung.

Vorsätze

Die Vorsätze sind auch für den Französischen Einband wichtig, obwohl sie hier keine »tragende« Funktion ausüben, wie beim Deutschen Einband. Es gibt verschiedene Möglichkeiten, die wir an dieser Stelle gern erwähnen möchten, da man sich schon vor dem Heften darüber klar sein muß, welche Art von Vorsätzen angewandt werden soll.

1. Das normale, vorgeklebte doppelte Vorsatz, eventuell mit einem Schirtingstreifen verstärkt. Dieses Vorsatz wird nicht mitgeheftet.

2. Die erste und die letzte Lage mit eventuell verstärkten Vorsätzen versehen, die mitgeheftet werden.

3. Das sog. vorgeklebte Vorsatz wird nicht mitgeheftet. Wir verwenden dafür das gleiche Papier, mit dem die Buchdeckel beklebt sind. Es wird erst angebracht, wenn das Buch vollständig fertig ist. Meistens ist es erforderlich, darunter noch ein besonderes Vorsatz anzubringen. Darauf wird die Hälfte des erstgenannten Vorsatzes geklebt, das sich auf der Seite des Buchblockes und nicht auf der Innenseite des Deckels befindet.

4. Das federnde Vorsatz bleibt der englischen Methode vorbehalten, denn sie ist von dem englischen Buchbinder Douglas Cockerell eigens für diese Bindeweise entworfen worden. Es handelt sich dabei um ein Vorsatz, das besonders für schwere Bücher geeignet ist, die öfter als andere aufgeschlagen werden, z. B. Bibeln oder Nachschlagewerke. Obwohl es viel Mühe kostet, die Vorsätze auf diese Art anzubringen, wollen wir den Leser doch der Vollständigkeit halber mit dieser sehr durchdachten Arbeitsweise vertraut machen. Diese hat den Vorteil, daß beim Aufschlagen des Buches jede Spannung im Rückenfalz vermieden wird.

So wird das Vorsatz x–y auf das Vorsatz a–b geklebt

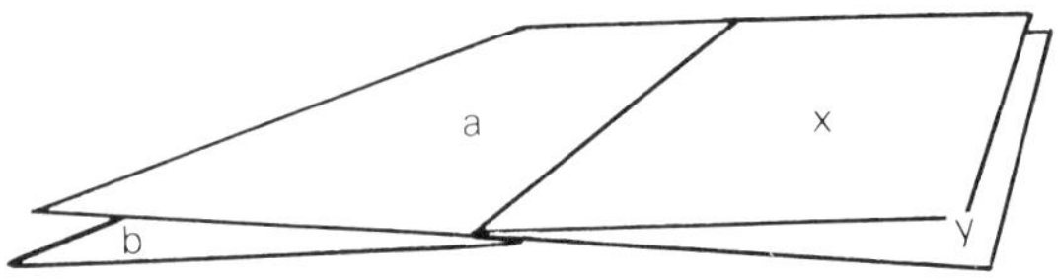

Das Umfalten

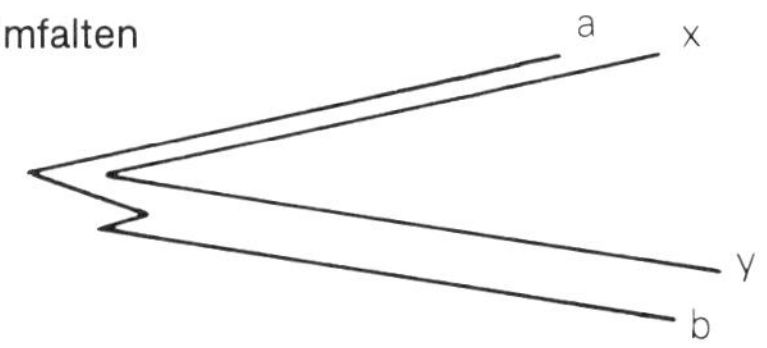

Durch das Vorsatz r–s wird geheftet; b wird abgerissen

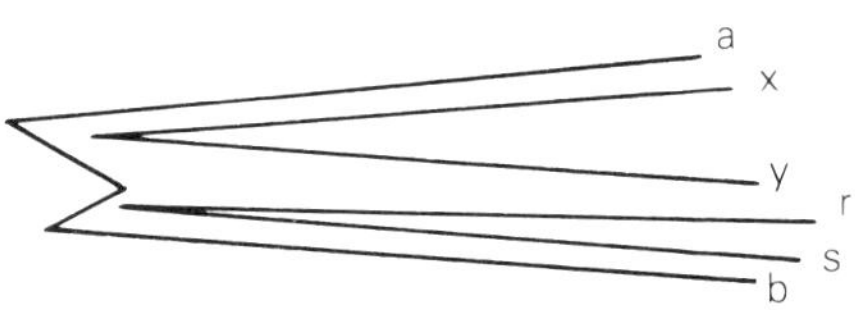

Abb. 71: Die Konstruktion des mitgehefteten Vorsatzes nach Cockerell.

Es handelt sich um ein mitgeheftetes Vorsatz, das man folgendermaßen aufbaut:

a) Es werden zwei doppelte Vorsätze an der Rückenseite mit einem Kleisterstreifen von 3 bis 4 mm aufeinandergeklebt. Diese Vorsätze sollen etwa 1,5 bis 2 cm breiter sein, als es der Buchblock vom Rückenfalz bis zum Vorderschnitt ist. Die beiden doppelten Vorsätze werden mit den Rücken so aufeinandergeklebt, daß sie in der Verlängerung voneinander liegen (siehe **Abb. 71**).

b) Nach dem Trocknen wird das zweitoberste Blatt rückwärts um das oberste Blatt gefalzt.

c) Das unterste Blatt falzt man um das vorletzte Blatt zurück, wodurch im Rücken eine Zickzackfalte entsteht, denn die Vorderseiten werden gleich gehalten.

d) In diesen Zickzackrand hinein legt man nun ein drittes doppeltes Vorsatz, und durch dieses wird geheftet.

e) Das unter b) erwähnte umgefaltete Blatt wird abgerissen. **Abb. 71** zeigt den Aufbau dieser Konstruktion.

Die Verteilung der Bünde

Auf **Abb. 72** sehen wir drei nach der französischen Methode eingebundene Bücher. Die Bünde sind gleichmäßig über den Rücken verteilt. Auch wenn bisher noch nicht ausdrücklich erklärt wurde, was unter »Bünden« zu verstehen ist, so wird das jetzt sicher nicht mehr nötig sein. Es ist natürlich möglich, die Zwischenräume zwischen den Bünden unterschiedlich groß zu halten, und das wird auch getan, aber man achtet immer darauf, daß die Einteilung des Rückens zwischen Kopf und Schwanz symmetrisch ist. Es ist eine gute Methode, die Verteilung der Bünde so vorzunehmen, daß die Felder an Kopf und Schwanz etwas länger gehalten werden als die Mittelfelder. Außerdem wird das Feld am Schwanz noch wieder etwas länger gehalten als das am Kopf. Oft werden die Heftschnüre durch die Bünde verdeckt. Wer es aber nun gar nicht abwarten kann, dem sei schon jetzt verraten, daß die Imitationsbünde aus schmalen Streifen Graupappe angefertigt werden (siehe **Abb. 88**). Die vollständige Arbeitsweise beschreiben wir im nächsten Kapitel, das ganz allgemein vom Arbeiten mit Leder handeln wird.
Die beiden oberen Bücher auf **Abb. 72** sind auf drei Heftschnüren geheftet. Es handelt sich hier also um »blinde« Bünde. Bei der englischen Methode ist es selbstverständlich, daß die Bünde gleichmäßig über den Rücken verteilt sein müssen, denn hier haben wir es mit echten Bünden zu tun, nämlich mit den Heftschnüren.

Das Heften des Französischen bzw. Englischen Einbandes

Beide Einbindearten setzen die Verwendung einer Heftlade voraus. Auch erfordern die Heftschnüre mehr Platz als ein Stapel Zeitschriften, nach der deutschen Methode eingebunden. Beim Heften eines Französischen oder Englischen Einbandes müssen wir berücksichtigen, daß an beiden Seiten des gehefteten Buchblockes Schnurenden von etwa 7 cm Länge übrigbleiben, da sonst das Aufziehen der Pappen unmöglich wird.
Anmerkung für die englische Methode:
Es wird hier nicht eingesägt, also müssen wir dar-

Abb. 72: Drei nach der französischen Methode eingebundene Bücher.

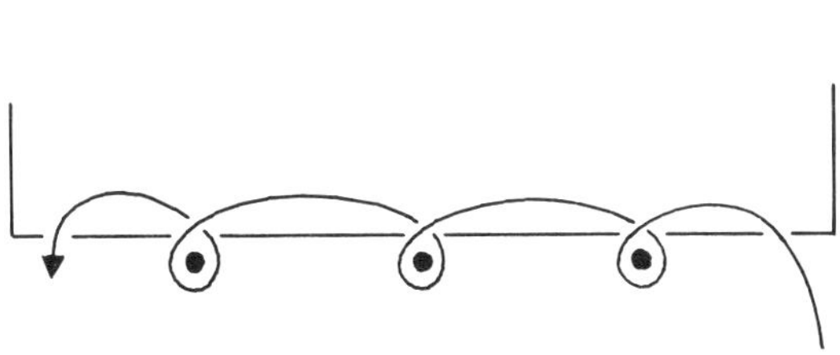

Abb. 73: Der Lauf des Heftfadens bei der englischen Methode.

auf achten, daß die Schnüre schön gerade auf dem Rücken liegen. Man sollte sich also mit Bleistift und Winkelmaß genau anzeichnen, wo die Schnüre später liegen müssen. Auch die Stellen für die Fitzbünde werden mit Bleistift markiert. Es kommt aber noch eine Besonderheit hinzu, die übrigens nicht unlogisch ist. Denn wie sollen die Heftschnüre fixiert werden, wenn sie nicht in den Sägeein-

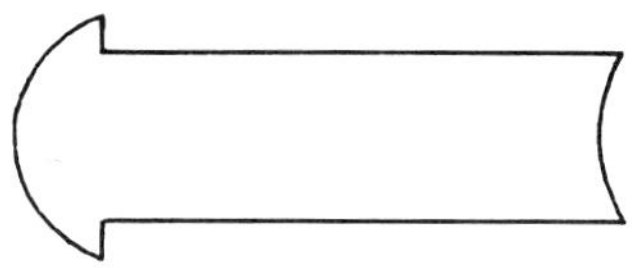

Abb. 74: Rückenfalz und gerundeter Rücken beim Französischen und Englischen Einband.

schnitten eingebettet liegen? Beim Heften auf Bändern stellt sich dieses Problem nicht. Da die Bänder immer etwa 2 cm breit sind, liegen die Ein- und Ausstichstellen des Heftfadens in den Lagen weit genug auseinander.

Die Lösung des Problems zeigen wir auf **Abb. 73.** Man legt den Heftfaden nicht über die Schnüre, sondern mit einer Schlinge jeweils um sie herum. Die Nadel wird von innen nach außen gestochen, um die Schnur geführt und danach durch dasselbe Loch wieder nach innen gezogen. Selbstverständlich kommt es bei dieser Heftart noch mehr als sonst darauf an, daß die Lagen (eine nach der anderen) nach dem Heften gut angefalzt werden.

Das Anbringen der Deckelpappen

Sind alle Lagen geheftet, so folgen zunächst die bekannten Arbeitsgänge, nämlich das Anschmieren des Rückens mit dünnem Leim, das sog. Leimen und das Beschneiden des Vorderschnittes, sofern es gewünscht wird. Viele Besitzer von bibliophilen Ausgaben ziehen es vor, das Buch nicht zu beschneiden. In solchen Fällen aber muß das Heften mit ganz besonderer Sorgfalt ausgeführt werden.

Zunächst muß der Rücken auf die bekannte Weise gerundet werden. Danach schlägt man den Rükkenfalz so hinein, wie es zu Beginn dieses Kapitels beschrieben worden ist. Nur soll hier der Rückenfalz einen rechten Winkel zum Buch bilden, was in Verbindung mit dem Falzschlagen für den Deutschen Einband schon erwähnt wurde (siehe **Abb. 74** und vergleiche diese mit **Abb. 67**). Man verwendet einen Hammer mit kleinem Kopf und achtet ganz besonders darauf, daß man nicht auf die Heftschnüre schlägt, die ja frei auf dem Buchrücken liegen und nicht durch Sägeeinschnitte geschützt sind.

Erst wenn dies alles ausgeführt ist, können die Dekkelpappen angebracht werden. Zu diesem Zweck schneidet man zunächst zwei Pappen aus, deren Stärke jeweils der Höhe der senkrecht stehenden Kanten des Rückenfalzes genau entsprechen muß. Es ist wichtig, hierbei die Verhältnisse gut aufeinander abzustimmen. Bei einem Buch im normalen Oktav-Format würden Pappen von z. B. 4 mm Stärke etwas übertrieben wirken. Der Rückenfalz ist dann zu kräftig angesetzt worden.

Die Pappen bekommen das übliche Format, wobei man an Kopf und Schwanz eine Überlänge von 3 mm hinzurechnet. Im Gegensatz zur deutschen Methode werden die Pappen bei der französischen und englischen Bindeweise am Vorderschnitt 1 cm breiter gehalten. Bei diesen Bindeweisen ist es nämlich üblich, die Vorderkanten der Buchdeckel erst nach ihrer Befestigung am Buch abzuschneiden. Der Grund hierfür liegt darin, daß bei der französischen Methode an diesen Vorderkanten Ungleichheiten entstehen können. Wenn wir die Pappen zugeschnitten haben, legen wir sie auf das Buch und kontrollieren, ob sie gut an die Rückenfalze anschließen. Danach markieren wir mit Bleistift die Stellen, wo die Heftschnüre durch die Pappen gezogen werden sollen.

Nun werden mit dem Winkelmaß im rechten Winkel Bleistiftstriche vom Rücken aus auf die zuvor markierten Buchdeckel gezogen. Diese Bleistift-

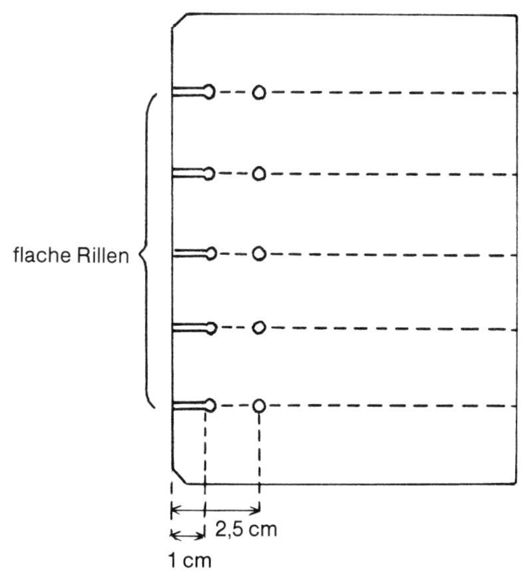

Abb. 75: Anordnung der Löcher, Rillen und abgeschnittenen Ecken bei den Pappen für den französischen Einband.

striche geben die Richtung an, in der die Schnüre auf den Deckeln liegen sollen. Dann zeichnen wir 1 und 2,5 cm vom Rücken entfernt auf den waagerechten Linien Schnittpunkte ein. Auf diesen Schnittpunkten werden mit einem Pfriem oder einer Ahle, notfalls auch mit einem Nagel, Löcher durch die Pappen gestochen. Die Löcher sollen gerade so groß sein, daß die Heftschnüre hindurchpassen, keinesfalls größer. Es ist besser, wenn man die Enden der Schnüre zum Hindurchstecken zwischen nassem Daumen und Zeigefinger anspitzen muß, als wenn sie sich zu bequem durch die Löcher ziehen lassen. (Wir verweisen noch einmal auf **Abb. 70,** die zeigt, wie die Heftschnüre durch die Pappen gefädelt werden müssen.)

Aber mit dem Durchstechen der Löcher ist es noch nicht getan. Es muß nämlich jetzt dafür gesorgt werden, daß die Stellen, wo die Schnüre liegen, später (nach dem Überziehen der Deckel) unsichtbar sind. Dieses Problem ist dadurch zu lösen, daß man jede Schnur auf dem kleinen Stück vom Rückenfalz bis zum ersten Loch in die Pappe versenkt. Die Enden der Schnüre werden dann nach dem Heraustreten aus dem zweiten Loch ausgefasert und fächerförmig auf die Pappe geklebt (siehe **Abb. 70**).

Zum Versenken des Schnurverlaufs vom Rückenfalz bis zum ersten Loch müssen auf diesem Abschnitt flache Rillen in die Pappen geschlagen werden. Um das zu bewerkstelligen, legt man am besten einen Pfriem oder eine Ahle, notfalls auch einen Nagel, flach auf die Pappe und schlägt dann kurz mit dem Hammer darauf. Es ist unbedingt anzuraten, dies erst mit einem Reststück der Pappe zu probieren, denn die Rillen dürfen nicht zu tief, aber auch nicht zu flach sein. Die Schnüre sollen gerade gut eingebettet darin liegen können.

Nun müssen die Pappen an Kopf und Schwanz der Rückenseite noch abgeschrägt werden, bevor wir beginnen können, die Deckel aufzuziehen. Bei den abzuschneidenden Ecken handelt es sich um kleine Dreiecke, deren Seiten nicht mehr als 2 bis 3 mm betragen sollen. Dieses Abschrägen hat den Zweck, später das Einschlagen des Leders am Rükken zu erleichtern. **Abbildung 75** zeigt, wie die Pappen in diesem Stadium aussehen müssen.

Nun werden die Pappen aufgezogen. Das bedeutet, daß alle Heftschnüre durch die Pappen erst von außen nach innen und danach wieder von innen nach außen gezogen werden. Ist das geschehen, dann liegt ein Buchblock vor uns, aus dessen oberem und unterem Deckel Schnurenden heraushängen. Diese Schnurenden werden mit einer Flachzange kräftig angezogen und gleichmäßig eingekürzt, so daß sie alle etwa 1,5 bis 2 cm lang sind. Dann müssen sie sorgfältig ausgefasert und anschließend fächerförmig auf die Pappen geklebt werden.

Wenn wir alles richtig gemacht haben, wird der Schnurverlauf an der Außenseite der Deckel nun nicht mehr zu sehen sein. An der Innenseite sieht man ihn wohl, denn da haben wir keine Rillen in die Pappen geschlagen. Und das muß auch unterbleiben, weil es die Deckel zu sehr schwächen würde. Trotzdem sollen die Schnüre ja auch hier so weit wie möglich unsichtbar werden. Zunächst aber muß der Kleister, mit dem wir die ausgefaserten Enden festgeklebt haben, in Ruhe trocknen. Dann werden die Pappen, eine nach der anderen, aufgeschlagen und mit der Innenseite nach oben auf den Tisch gelegt. Den Rest des Buchblockes halten wir senkrecht fest. Wenn wir jetzt mit einem Hammer flach auf die an der Innenseite der Pappen sichtbaren Schnurenden schlagen, so ist diese Bearbeitung normalerweise ausreichend, um die Verdickungen weitgehend auszugleichen.

Eine andere Möglichkeit ist das Pressen. Dafür benötigt man vier Zinkbleche, die man über und unter die Pappen legt, bevor man das Ganze in die Buchpresse spannt und zwischen Preßbrettern kräftig preßt. Diese Methode dauert etwas länger, aber sie hat den Vorteil eines für beide Seiten gleichmäßigen Preßdruckes. Außerdem kann es dabei nicht

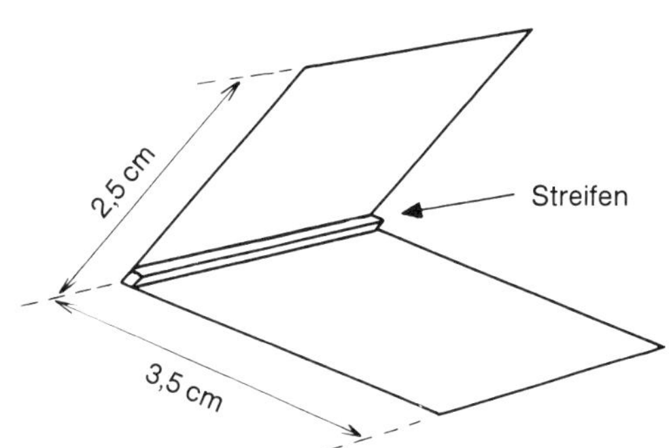

Abb. 76: Ein Stückchen Baumwolle mit eingelegtem Streifen.

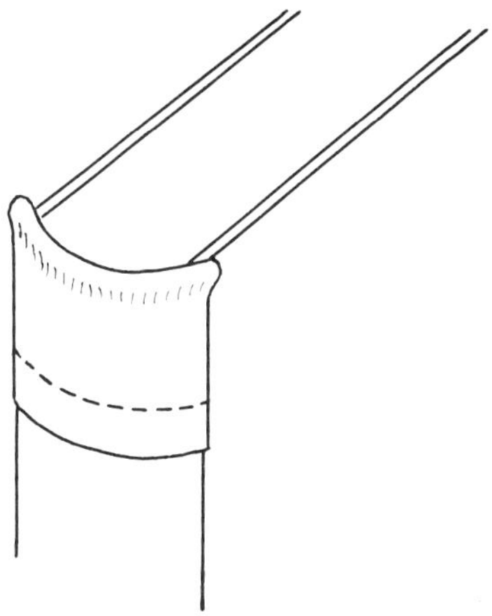

Abb. 77: Die Basis des Kapitalbandes.

passieren, daß die Deckel an der Innenseite durch allzu kräftige Hammerschläge verunziert werden.
Nun nehmen wir zwei Papierstreifen, deren Breite 10 bis 12 cm betragen soll und die in der Länge der Pappenhöhe entsprechen. Diese Streifen werden der Länge nach zusammengefaltet. Die Laufrichtung muß selbstverständlich parallel zur Längsrichtung der Streifen liegen. Dann wird die Hälfte eines jeden Streifens mit Kleister angeschmiert und auf die Deckel geklebt. Der Faltbruch soll dabei genau auf deren Rückenseite fallen. Anschließend pressen wir den Buchblock einige Stunden kräftig zwischen zwei Zinkblechen.
Nach dem Pressen wird die freie Hälfte des Papiers abgerissen. Dadurch, daß wir das Papier reißen und nicht schneiden, erhalten wir einen schön verlaufenden Rand. Es war der Zweck des Faltens, dieses Abreißen zu erleichtern. Wenn trotzdem noch irgendwelche Unebenheiten zu sehen sind, dann werden diese mit feinem Schmirgelpapier entfernt.
Nun fehlt noch ein letzter Arbeitsgang vor dem Beziehen des Rückens und der Deckel, und das ist das »Kapitalen«. Wenn wir uns die Sache bequem machen wollen, nehmen wir einfach ein Stück Kapitalband und kleben dies an Kopf und Schwanz des Rückens, wie es zuvor bereits beschrieben wurde.
Beim Französischen und Englischen Einband jedoch gilt das Handbestechen des Kapitals eigentlich als ein Teil dieser Bindeweise. Das Kapital ist hier nicht nur Verzierung, sondern es hat auch eine Funktion. Es verstärkt den Rücken an Kopf und Schwanz bedeutend mehr als ein daraufgeklebtes Stück Kapitalband. Das Verstärken ist vor allem für den Kopf des Buches wichtig, denn dort berührt man es ja für gewöhnlich mit dem Zeigefinger, wenn man es aus dem Bücherschrank zieht.

Das handbestochene Kapitalband

Wenn die Buchdeckel angebracht sind und der Rücken fertig ist, können wir mit dem Kapitalbestechen beginnen. Wir gehen davon aus, daß der Rükken ein oder mehrere Male mit einer Leimlage versehen worden ist. Die jeweilige Arbeitsmethode ist ja eine Frage des persönlichen Gutdünkens, wie wir bereits früher betont haben. Das mehrfache Überleimen mit dünnem Leim sorgt für einen biegsamen Rücken, wobei das Anbringen eines Gazestreifens noch verstärkend wirken kann, ohne die Biegsamkeit zu beeinträchtigen. Dies gilt besonders für schwerere Bücher. Neben der persönlichen Auffassung spielt auch die Erfahrung hierbei eine große Rolle. In jedem Fall müssen wir uns darüber im klaren sein, daß das Kapital erst bestochen wird, wenn der Rücken fertig ist.
Nun zum eigentlichen Kapitalbestechen. Zunächst benötigen wir ein Stück weißen Baumwollstoff, beispielsweise von einem Bettlaken. Das Stück soll etwa 0,5 cm breiter als der Buchrücken und 12 cm lang sein. Wir schneiden das Stück der Länge nach durch, so daß wir zwei Stückchen von 6 cm Länge erhalten.
Wenn wir ganz nach altem Brauch arbeiten wollen, so benötigen wir noch einen schmalen Pergamentstreifen, der nicht breiter als 2 mm sein soll und der in der Länge der Breite des Baumwollstreifens, also Buchrückenbreite zuzüglich 0,5 cm, entspricht. Man kann auch Leder anstelle von Pergament verwenden oder ein Stück Schnur von 2 mm Stärke.
Nun muß der Streifen Pergament, Leder oder Schnur mit Kleister in die Baumwollstückchen geklebt werden. Auf welche Weise das geschehen soll, zeigt **Abbildung 76.** Die Baumwolle wird in der Mitte zusammengefaltet, jedoch nicht so, daß die beiden Enden genau übereinander liegen. Ein Ende soll etwa um 1 cm länger als das andere sein. In die Falte kommt der Streifen aus Pergament bzw. Leder oder Schnur, so daß dort eine Verdickung entsteht. Sie wird die Basis unseres Kapitalbandes. Der Baumwollstreifen wird nun mit warmem Leim oder Kunstharzkleber so auf den Buchrücken ge-

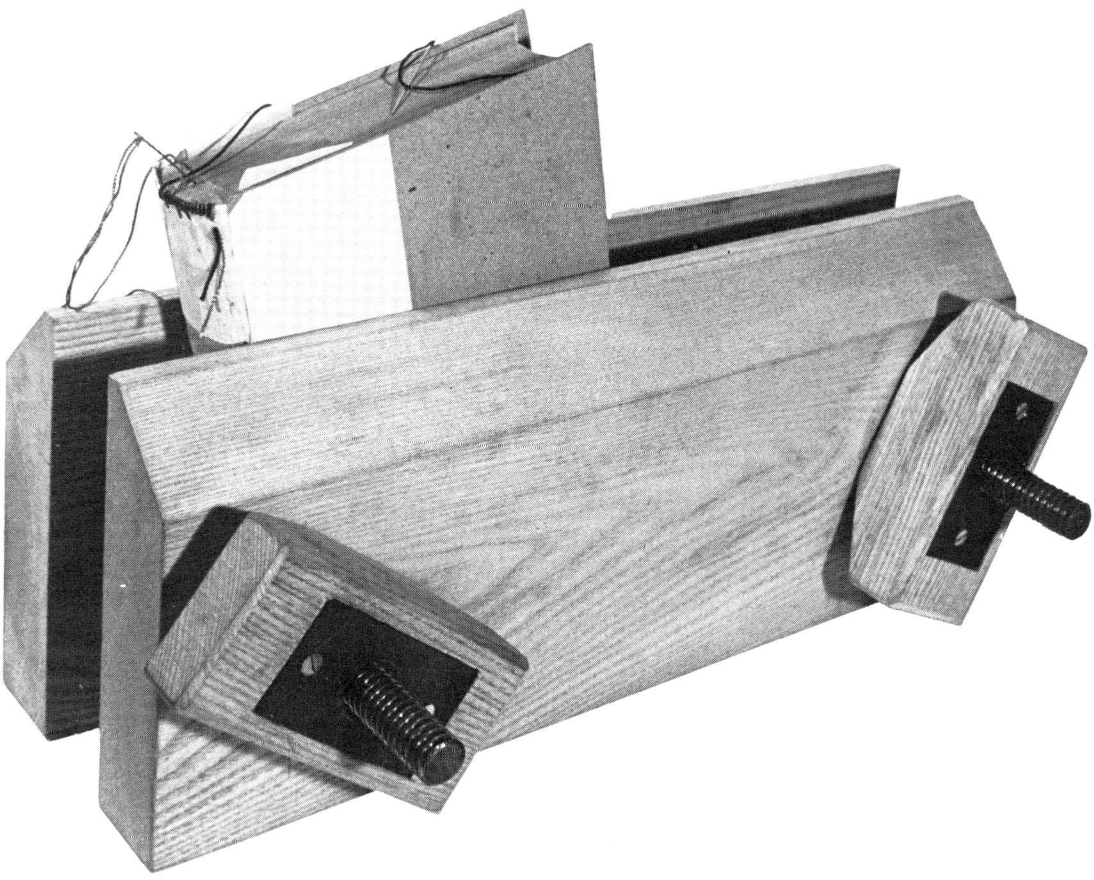

Abb. 78: Das Buch in der Presse beim Kapitalbestechen.

klebt, daß der verdickte Rand gerade über den Schnitt hinausragt. Außerdem achten wir darauf, daß das kürzere Ende an der Innenseite liegt. Dadurch, daß wir die Enden des doppelten Baumwollstreifens verschieden lang halten, sorgen wir für einen weichen Übergang. Es würde sonst eine häßliche Trennungslinie zwischen dem Kapitalband und dem Buchrücken entstehen (siehe **Abb. 77**).

Wenn dies alles gelungen ist, können wir mit dem eigentlichen Bestechen beginnen. Wir haben das Buch leicht geneigt mit dem Rücken nach oben vor uns stehen, so daß entweder das Kapital am Kopf oder das am Schwanz auf uns gerichtet ist. Am besten spannt man es in eine Klotzpresse, ein Gerät, das im Kapitel »Materialien und Werkzeuge« abgebildet ist. Diese Presse kann man selbst anfertigen oder anfertigen lassen. Auch **Abb. 78** zeigt eine solche Klotzpresse. Man kann sich aber auch mit einer normalen Buchbinderpresse behelfen, wenn man an beiden Seiten des zu bestechenden Buches etwas unter die Preßbalken legt, worauf die Presse ruhen kann.

Nun benötigen wir zwei lange, dünne Nadeln mit scharfen Spitzen und Stickgarn in zwei voneinander abstechenden Farben. Im Prinzip kann natürlich jede Garnart verwendet werden, jedoch liefert Knopflochseide das beste Resultat. Vor allem darf das Garn nicht zu dick sein.

Vielfach läßt man eine der Farben mit der Farbe, die das Buch letzten Endes bekommen soll, übereinstimmen. Haben wir z. B. die Absicht, ein Buch in rotes Leder einzubinden, so werden wir das Kapitalband in den Farben Rot und Weiß bestechen. Feste Vorschriften gibt es da natürlich nicht. Auch mit

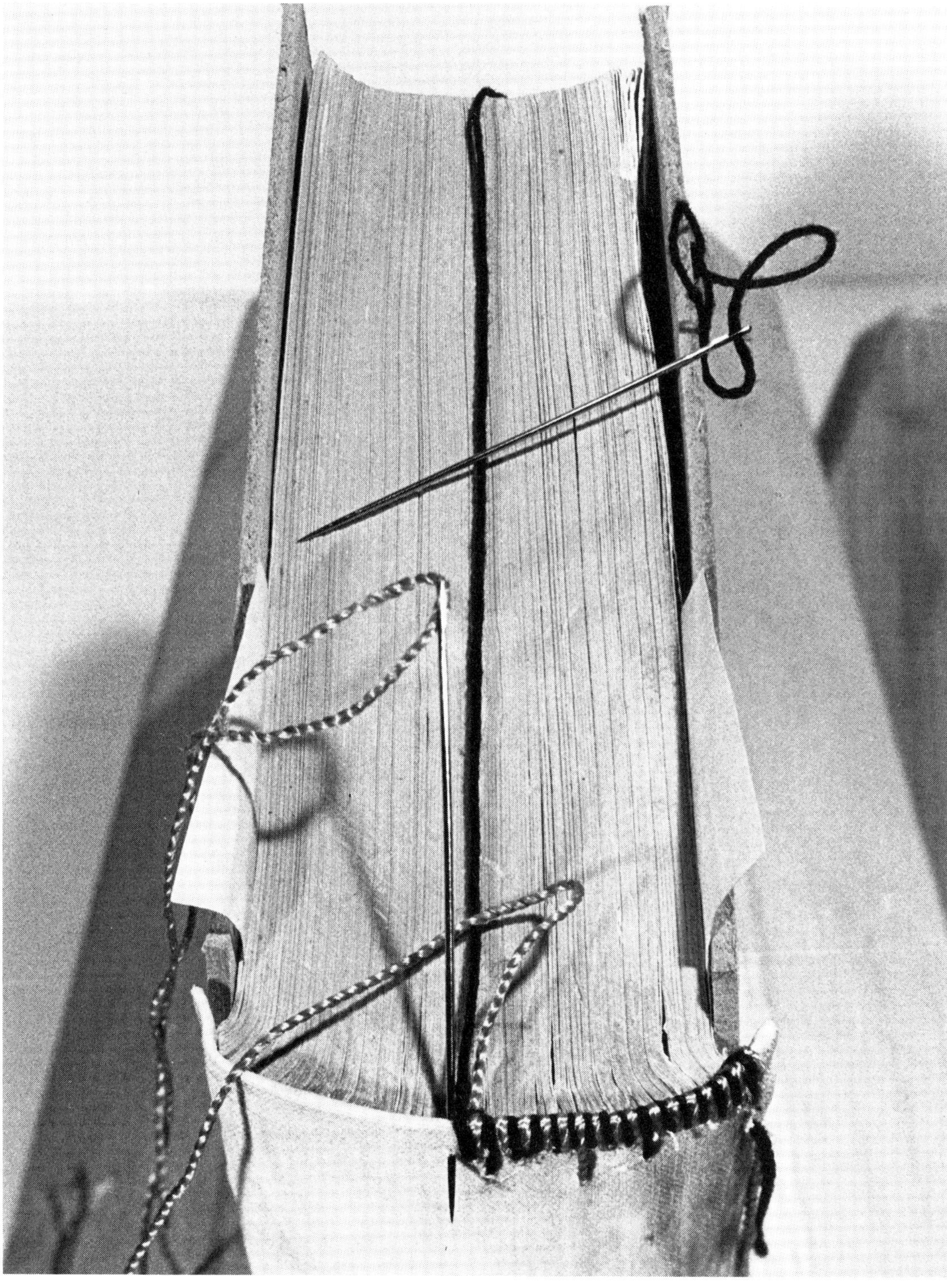

Abb. 79: Das Überkreuzen der Fäden beim Bestechen des Kapitalbandes.

einem in den Farben kontrastierenden Kapitalband kann man einen schönen Effekt erzielen. Wichtig ist nur, daß die verwendeten Farben auch wirklich zueinander passen.

Die Arbeitsweise:
Wir legen zwischen die beiden Vorsätze des Buches je einen schmalen Streifen Papier und lassen diese an der Seite, an welcher bestochen werden soll, etwas herausragen. Auf diese Weise ist später die Mitte des Vorsatzes mit der Nadel leichter zu finden. Nun kommt das Buch in die Presse und wird so darin festgeschraubt, wie es auf **Abb. 79** zu sehen ist.
Wir nehmen zwei Fäden Knopflochseide. Jeder Faden soll 10- bis 12mal so lang sein, wie das Buch dick ist. Es ist darauf zu achten, daß bei den Farben der beiden Fäden genügend Kontrast zwischen Hell und Dunkel besteht.
Wir fädeln die beiden Fäden ein und knoten die Enden aneinander fest. Nun stechen wir die Nadel mit dem dunkleren Zwirn zwischen die beiden Vorsätze an der Titelseite des Buches. So, wie das Buch jetzt vor uns in der Presse steht, wäre das die rechte Seite. Die Nadel muß durch das Vorsatz unterhalb des Fitzbundes nach außen gestochen werden. Danach holen wir sie wieder zurück, denn dieser Einstich diente nur dazu, ein Loch vorzustechen. Nun führen wir die Nadel mit dem dunklen Garn durch das vorgestochene Loch von außen nach innen. Dies geschieht in schräger Richtung nach oben, so daß die Nadel zwischen dem überstehenden Rand des Kapitalbandes und dem Buchschnitt herauskommt. Der Faden wird bis zum Knoten durchgezogen. Dies ist das einzige Mal, daß wir die Nadel von außen nach innen stechen! Alle weiteren Stiche gehen von innen nach außen.
Die Nadel mit dem dunklen Zwirn legen wir nun eben auf dem Buchschnitt ab, während wir die andere Nadel in die Hand nehmen. Ohne die Nadel zu gebrauchen, legen wir den hellen Faden über den Wulst des Kapitalbandes und halten ihn unter leichter Spannung nach hinten. Dann nehmen wir die Nadel mit dem dunklen Faden wieder auf und stechen sie links von dem hellen Zwirn über dem Buchschnitt wieder nach außen. Der dunkle Faden hat jetzt den hellen gekreuzt, und der helle Faden liegt mit einer Schlinge über dem Kapitalband. Nun führen wir das gleiche in umgekehrter Reihenfolge aus. Der dunkle Faden wird anschließend an den hellen Faden, der sich rechts von ihm befindet, über den Wulst gelegt. Der helle Faden wird über den dunklen geführt, die Nadel nach außen gestochen und der Faden angezogen. Danach legen wir wieder den hellen Faden über den Wulst, führen den dunklen darüber, stechen die Nadel mit dem dunklen Faden nach außen und ziehen den Faden wieder an usw. (siehe **Abb. 79**).
Die Technik des Bestechens besteht also darin, daß die Fäden an der Innenseite immer abwechselnd übereinander geführt werden, wobei die Nadel, außer beim ersten Stich, grundsätzlich von innen nach außen gestochen wird. Außerdem wird das Kapitalband bei jedem 5. oder 6. Stich mit einer Lage verbunden. Auf **Abbildung 79** ist das genau zu sehen. Wir stechen die Nadel dann durch die Mitte einer Lage unter dem Fitzbund hindurch nach außen. Um die Mitte einer Lage bequem finden zu können, sollte das Buch nicht zu kräftig in die Presse geklemmt werden.
Haben wir beide Kapitalbänder bestochen, so lösen wir die Knoten des Garns; an der anderen Seite lassen wir die Enden der Fäden 1 bis 1,5 cm lang hängen. Diese losen Garnenden werden dann etwas ausgefasert und mit Kleister auf dem Rücken befestigt. Die überstehenden Baumwollränder schneiden wir ab und kleben danach einen Streifen kräftiges Papier auf den Rücken. Dieser Streifen soll in der Breite mit dem Rücken übereinstimmen und in der Länge genau in die Lücke zwischen den beiden Baumwollstreifen des Kapitalbandes passen. Wir bestreichen das Papier mit Kleister, den Rücken aber mit dünnem Leim. Auf diese Weise wird der Rücken ebenmäßig glatt. Dann bringen wir auf die uns bekannte Weise einen Überleimstreifen aus Papier an, der seitlich 1,5 bis 2 cm über die Pappen reicht und das Kapitalband selbstverständlich freiläßt. Nachdem alles trocken ist, werden eventuelle kleine Unebenheiten mit feinem Schmirgelpapier geglättet.

Das Fertigstellen des Französischen Einbandes
Obwohl der Französische Einband im allgemeinen in Leder oder Halbleder ausgeführt wird, muß dies nicht unbedingt so sein. Wir können ein Buch nach dem gleichen Prinzip auch mit einem Leinen- bzw. Halbleineneinband ausstatten. Die Arbeitsweise stimmt dann mit der deutschen Methode überein,

die zu Beginn dieses Kapitels beschrieben wurde. In dem Fall müssen die Pappen allerdings an der vorderen Kante erst abgeschnitten werden! Natürlich zeichnet man sich den Schnitt genau an, bevor man sie mit dem sog. Teppich- oder Kartonmesser gleichmäßig einkürzt.
Es ist nicht zu empfehlen, den Rücken bei dieser Ausführung mit Bünden zu versehen. Das setzt sehr viel Handfertigkeit voraus, weil das Leinen nicht dehnbar ist.
Bei der Ausführung in Leder oder Halbleder lassen sich die Bünde ohne Schwierigkeiten anbringen, denn das Leder ist in allen Richtungen dehnbar. Weil aber das Arbeiten mit Leder wiederum seine eigenen Probleme mit sich bringt, halten wir es für angebracht, diesem Material ein besonderes Kapitel zu widmen. Im Kapitel »Arbeiten mit Leder« werden wir auch beschreiben, wie der Französische Einband in Leder, der sog. Ganzfranz- oder Ganzlederband, ausgeführt wird.

Arbeiten mit Leder

Material und Werkzeug:
- Ein Schärfstein
- Ein Schärfmesser oder -meißel

Welche Ledersorten kommen in Frage?

Selbstverständlich treffen wir unsere Wahl in erster Linie nach der Geschmeidigkeit. Die gebräuchlichsten Ledersorten in der Buchbinderei sind Kalbsleder, Schweinsleder und Ziegenleder. Das letztere ist vor allem unter dem Namen Maroquin bekannt. Da echtes Maroquin sehr teuer ist, wird es viel imitiert. Das nachstehende Zitat aus dem Buch »Bookbinding and the Care of Books« von Douglas Cockerell läßt erahnen, daß es für einen Laien fast unmöglich ist, festzustellen, welche Ledersorte er vor sich hat.

»Wir sehen jetzt anstelle von Leder, welches aus den Häuten von Schafen, Kälbern, Ziegen und Schweinen hergestellt wurde und das nach der Bearbeitung ein jeweils charakteristisches Aussehen hat, Schafshäute auf eine Art und Weise behandelt, die sie wie Kalbsleder, Maroquin oder Schweinsleder aussehen läßt; Kalbsleder erhält eine Struktur, durch die es aussieht wie Maroquin, oder es wird so poliert und gewalzt, daß nur noch wenig von seinem eigenen Charakter übrigbleibt; Ziegenhäute werden auf jede nur denkbare Weise bearbeitet und Schweinehäute oft genug mit der Struktur von levantinischem Maroquin versehen. Einige dieser Imitationen sind so gut ausgeführt, daß es nur einem geschulten Fachmann möglich ist, die entsprechende Ledersorte zu identifizieren.«

Das Buch von Cockerell ist für diejenigen, die alles über Leder wissen möchten, sehr lesenswert. Es würde den Rahmen dieses Buches überschreiten, wenn wir alle Finessen des Einbindens mit Leder besprechen wollten. Schließlich kann man das handwerkliche Buchbinden auch beherrschen, ohne alle Einzelheiten über die Entstehung des Leders, mit dem das Buch eingebunden wird, zu wissen.

In einigen wesentlichen Dingen aber sollte man sich auskennen:

1. Wenn von Imitationen gesprochen wird, wie z. B. in dem oben aufgeführten Zitat, dann handelt es sich trotzdem um echtes Leder. Das Wort »Imitation« weist nur auf die Tatsache hin, daß man einer bestimmten Ledersorte durch gewisse Bearbeitungen das Aussehen einer anderen gegeben hat.

2. Kunstleder ist kein Leder, sondern ein synthetisches Material, das dem Leder ähnlich ist. Es läßt sich auf die gleiche Weise wie Buchbinderleinen verarbeiten. Hiermit wollen wir vor allem betonen, daß die nachstehend besprochenen Arbeitsgänge, die sich auf Leder beziehen, nicht für Kunstleder gelten.

Wir hoffen, den Leser hiermit hinreichend darüber informiert zu haben, was wir unter »Einbinden in Leder« verstehen. Im Prinzip kann jede Ledersorte verwendet werden, sofern sie schmiegsam und flexibel ist. Die Praxis hat jedoch gelehrt, daß sich Kalbsleder, Schafsleder und Schweinsleder am besten eignen. Besonders Schweinsleder ist sehr dauerhaft. Es gibt Bücher aus dem 15. und 16. Jahrhundert, die in sog. weißgegerbte Schweinshäute eingebunden sind. Weißgerben war ein besonderes Herstellungsverfahren, bei dem man dem üblichen organischen Gerbstoff (Eichenlohe oder Tannin) synthetischen Gerbstoff zusetzte. Dadurch wurde das Leder »gebleicht« und konnte beinahe weiß werden.

Es ist für den Hobby-Buchbinder natürlich maßgebend zu wissen, wo man das Leder zum Buchbinden kaufen kann.

Am besten wendet man sich an spezialisierte Lederhändler, die in den meisten großen und mittelgroßen Städten zu finden sind. Selbstverständlich gibt es auch Geschäfte, die Buchbindermaterialien verkaufen. Sollte eine derartige Firma keinen Ledervorrat haben, so wird sie Interessenten sicher an die richtige Adresse weiterleiten.

Das Schneiden und Schärfen des Leders

Leder ist wertvoller als Buchbinderleinen, und deshalb kommt es besonders darauf an, das Material so rationell wie möglich zu nutzen. Wir werden uns nachstehend darauf beschränken, die Anfertigung eines Französischen Einbandes, eines sog. Halbfranzbandes, in Halbleder mit Ecken zu beschreiben. Ein Englischer Einband soll der Tradition entsprechend in Ganzleder oder Pergament gebunden sein, aber da wir in erster Linie die Absicht haben, den Leser möglichst eingehend mit den verschiedensten Ansatzpunkten des Handbuchbindens vertraut zu machen, würde es zu weit führen, auch den Englischen Einband ausführlich zu besprechen. Seine Anfertigung ist nicht einfach und setzt viel fachmännisches Können voraus, besonders wenn es sich um das Binden in steifes Pergament handelt.

Auf **Abb. 72** haben wir drei Bücher gesehen, die mit Französischem Einband gebunden sind. Die Abbildung läßt deutlich erkennen, daß es hier Varianten gibt, nämlich Einbände mit Ecken (sogar sehr großen Ecken) und solche ohne Ecken. Natürlich kann der persönliche Geschmack von Fall zu Fall eine Rolle spielen, aber ein Französischer Halbledereinband, ein Halbfranzband, hat doch einige unveränderliche Merkmale, zu denen vor allem der Lederrücken mit den Bünden und das Marmorpapier mit seiner typischen Struktur gehören. Dieses Marmorpapier kann man in Fachgeschäften unter dem Namen »Französisches Handmarmor« kaufen. Da wir aber im nächsten Kapitel auf die Eigenanfertigung verschiedener Marmorpapiersorten, unter anderem auch des Französischen Handmarmors, eingehen werden, ist es nicht unbedingt erforderlich, es käuflich zu erwerben.

Wir kommen nun zur Bearbeitung von Leder. Zunächst brauchen wir einen Lederstreifen, der breit genug ist, um den Buchrücken ganz und die Deckel beiderseits bis zu einem Viertel damit in der Art zu beziehen, wie es bei dem obersten Buch auf **Abb. 72** zu sehen ist. An Kopf und Schwanz muß dieser Lederstreifen 1,5 cm überstehen und somit also insgesamt 3 cm länger als der Buchrücken sein. Außerdem müssen wir 4 Ecken ausschneiden, sofern nicht ohne Ecken gearbeitet werden soll. Das Ausschneiden der Ecken geschieht auf die gleiche Weise, wie es bei der Halbleinenausführung im Kapitel »Das Anbringen des Einbandes an ein geheftetes Buch« beschrieben worden ist.

Bis hierher werden sich kaum Probleme ergeben, aber die nun durchzuführende Arbeit ist nicht so einfach. Das Leder muß nämlich an allen Kanten

Abb. 81: Schärfmesser

Abb. 80: Ein geschärfter Rand.

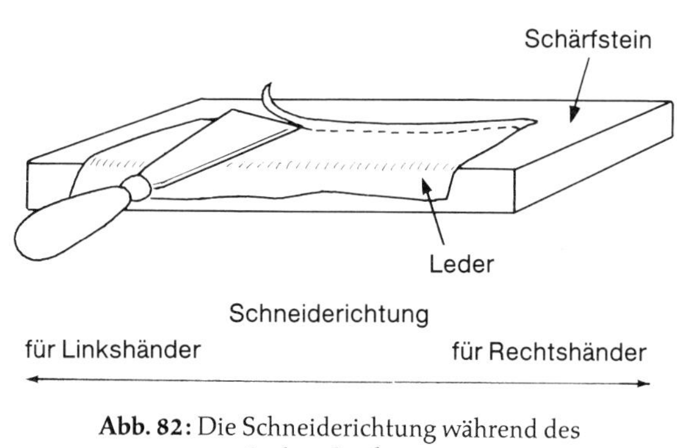

Abb. 82: Die Schneiderichtung während des Lederschärfens.

»geschärft« werden, ohne daß die einmal zugeschnittene Form dabei beschädigt wird. Es ist unbedingt zu empfehlen, nach dem Lesen der Vorgangsbeschreibung zunächst einige Male mit Abfalleder zu üben, bevor das Leder für das Buch in Arbeit genommen wird.

Auf **Abb. 80** ist dargestellt, was mit dem Schärfen des Leders gemeint ist. Die Ränder des Lederstreifens müssen in einer Breite von etwa 1 bis 2 cm abgeschrägt werden, d. h. wir müssen sie so bearbeiten, daß ein weicher Übergang von der Normalstärke zur Stärke, die dem Leinen entspricht, entsteht. Das Schärfen geschieht mit einem Schärfmesser auf einem Schärfstein. Der Schärfstein kann ein sog. lithografischer Stein sein, durch den das Messer sehr lange scharf bleibt, jedoch ist das nicht unbedingt notwendig. Es geht z. B. auch auf einem Stück Marmor von einem alten Waschtisch. Glas oder Zink ist zum Schärfen ungeeignet!

In den Fachgeschäften werden verschiedene Arten von Schärfmessern und -meißeln angeboten. Man bekommt sie sowohl mit rund als auch mit spitz verlaufendem Schneidende. Der Schärfmeißel ähnelt in etwa einem schmalen Spachtel (siehe **Abb. 81**). Es ist eine Frage der persönlichen Einstellung, für welches Messer oder welchen Meißel man sich entscheidet. Jeder muß selbst ausprobieren, mit welchem Werkzeug ihm die Arbeit am besten gelingt.

Die Schneiderichtung, in der das Leder geschäft wird, darf niemals im rechten Winkel zur Kante verlaufen. Wie auf den **Abb. 82** und **83** deutlich zu sehen ist, bewegt sich die Schneidefläche immer fast parallel zum Rand.

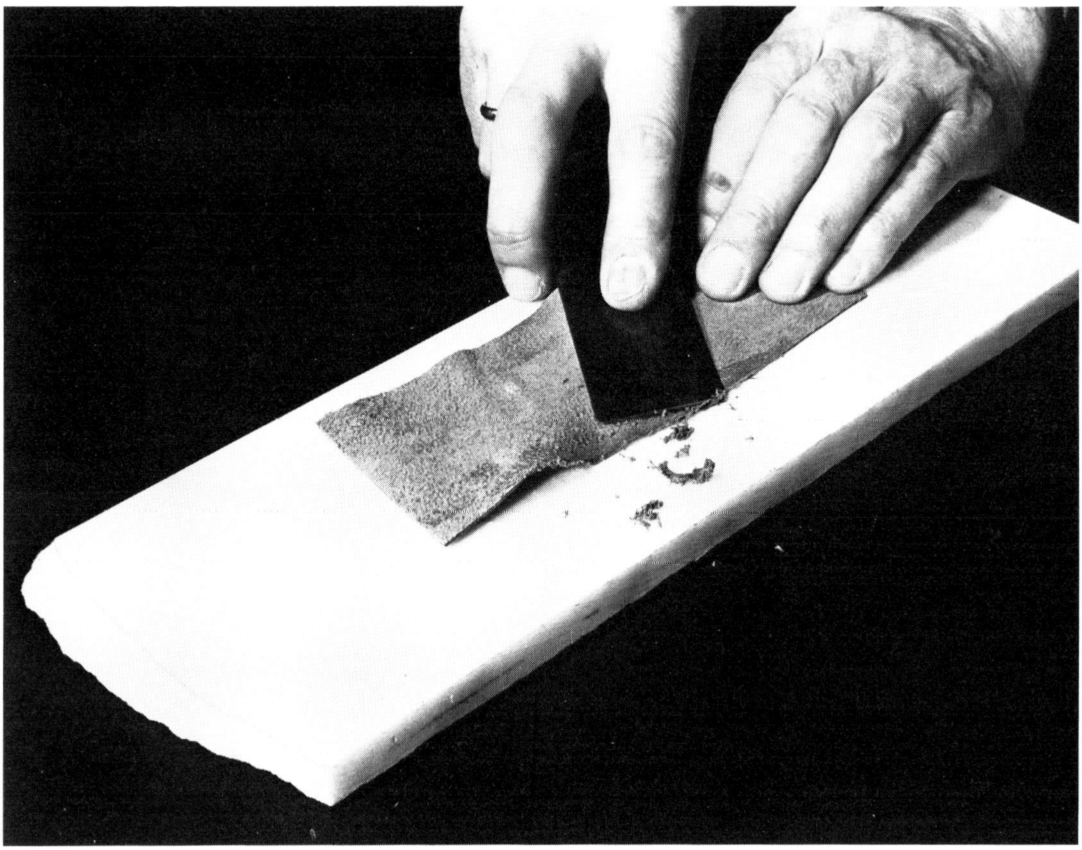

Abb. 83: Das Schärfen des Leders.

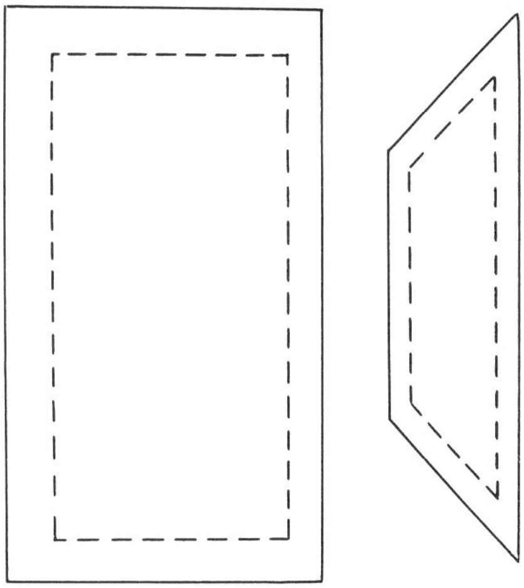

Abb. 84: Die gestrichelten Linien auf dem Rückenstreifen und auf der Ecke zeigen an, wo das Leder geschärft werden muß.

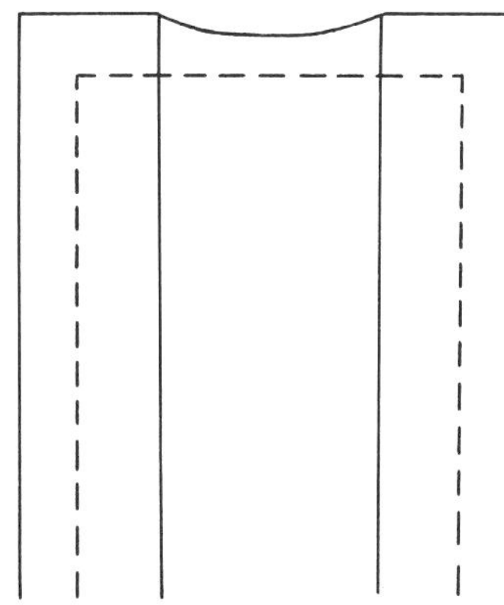

Abb. 85: Der an Kopf und Schwanz etwas gekürzte Lederstreifen für den Rücken. Die gestrichelten Linien zeigen an, wo das Leder geschärft werden muß.

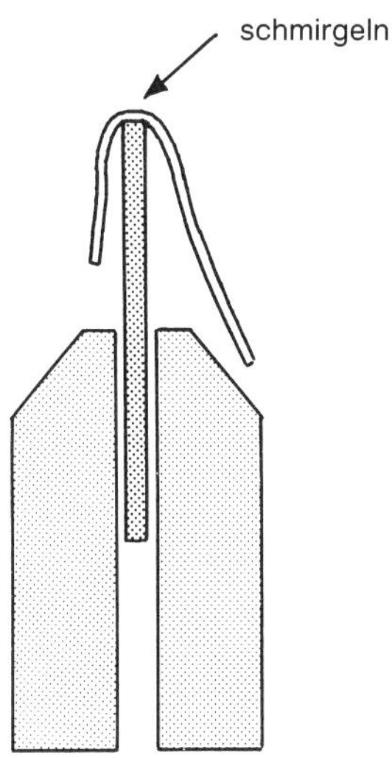

Abb. 86: Das Schmirgeln einer Rinne in das Leder.

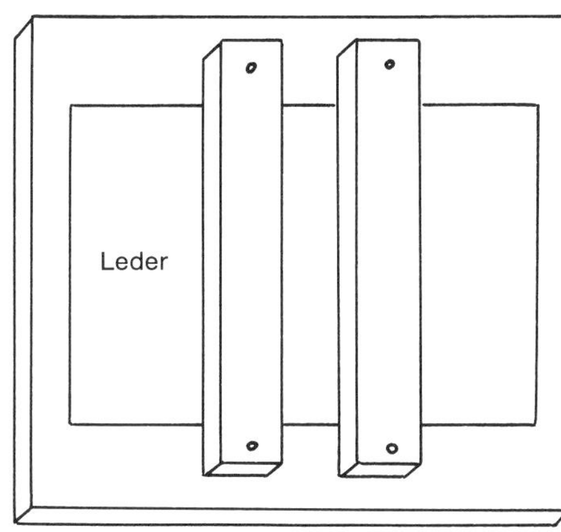

Abb. 87: Eine einfache Methode, um einen Lederrücken zu schärfen.

Beide Illustrationen lassen erkennen, daß der Meißel ziemlich flach gehalten wird. Der Zeigefinger drückt auf die Klinge.
Der Meißel muß sehr scharf sein und darf keinen Grat und keine Scharten haben. Aus diesem Grund ist es notwendig, den Meißel nach jedem Schleifen auch noch auf einem Wetzstein oder eventuell gleich auf dem Schärfstein, auf dem wir arbeiten, abzuziehen. Wenn diese Anweisungen eingehalten werden, muß die Arbeit glücken. Trotzdem möchten wir nochmals dringend anraten, das Schärfen zunächst an einigen Abfallstücken zu üben.
Es ist wichtig, die vier Seiten des Buchrückenstükkes und der Ecken sehr gleichmäßig zu schärfen, denn jede Unebenheit zeichnet sich nach dem Auf-

kleben ab. Zur Kontrolle faltet man die jeweils geschärfte Seite hin und wieder zusammen und streicht dann mit dem Finger darüber. Solange man dabei noch auf Unebenheiten stößt, müssen diese entfernt werden, bis die geschärften Kanten vollkommen glatt sind (siehe **Abb. 84**).
Zum Schluß noch zwei Anmerkungen: Beim Schärfen darf ruhig etwas Druck auf den Meißel ausgeübt werden. Wenn man den Meißel flach hält und ihn in der richtigen Schneiderichtung bewegt, ist die Möglichkeit, daß man durch das Leder hindurchsticht oder etwas vom Rand abschneidet, sehr gering. (Vorsichtshalber möchten wir doch erwähnen, daß das Leder an der Fleischseite geschärft wird, also an der rauhen und nicht an der bearbeiteten, glatten Seite.)

Ehe das Buchrückenstück endgültig zum Aufkleben vorbereitet ist, stehen uns noch zwei Arbeitsgänge bevor:

1. Der für den Einschlag bestimmte Teil an Kopf und Schwanz muß noch zusätzlich geschärft und außerdem etwas eingekürzt werden (siehe **Abb. 85**).

2. An den seitlichen Längskanten des Rückens, wo der Rückenfalz verlaufen soll, müssen wir die Fleischseite des Leders mit zwei rinnenartigen Vertiefungen versehen. Das geschieht auf die folgende Weise: Zunächst wird aus dünner Pappe oder Karton eine Rückeneinlage ausgeschnitten, die in der Länge der Buchhöhe und in der Breite dem Rücken von Falz bis Falz entspricht. Dieser Streifen wird auf die Fleischseite des Leders genau auf die für den Buchrücken bestimmte Stelle gelegt. Danach zieht man an den langen Seiten des Streifens entlang mit Bleistift zwei Striche auf das Leder.

Ist das geschehen, so wird ein Pappstreifen, der die gleiche Stärke wie die Pappen der Buchdeckel hat (z. B. 2 mm), zurechtgeschnitten und in die Presse geklemmt. Über diesen Streifen legt man das lederne Rückenstück mit der Fleischseite nach oben so, daß einer der Bleistiftstriche genau auf dem Pappstreifen liegt. Während man das Lederstück mit einer Hand auf dem Pappstreifen festhält, schmirgelt man mit feinem Schmirgelpapier die Stelle, wo der Bleistiftstrich verläuft, etwas ab (siehe **Abb. 86**). Auf diese Weise wird eine schwache Vertiefung in das Leder geschmirgelt. Soll aber das Buch mit

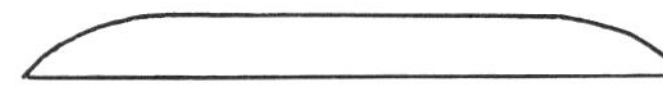

Abb. 88: Die Form eines Bundes.

Bünden versehen werden, und das wollen wir jetzt voraussetzen, dann reicht es nicht aus, nur diese Rinnen einzuschmirgeln. In dem Fall muß der ganze Rücken geschärft werden. Aber auch das läßt sich leichter bewerkstelligen, wenn erst Rinnen eingeschmirgelt worden sind. Diese geben dann die genauen Begrenzungen an, bis zu denen geschärft werden muß. Den Rücken schärft man wieder auf dem Schärfstein mit einem Schärfmeißel oder einem Schärfmesser. Im Gegensatz zum Schärfen der Kanten, wobei tatsächlich Lederschichten weggeschnitten werden, geht es beim Schärfen des Rückens mehr um ein Schaben oder Scheren mit dem Meißel. Das ist in dem Fall eine bessere Arbeitsweise als das Schneiden, da sie die Gefahr, daß der Meißel abrutscht, erheblich verringert.
Es gibt noch eine andere Methode, den Rücken zu schärfen, die zwar mehr Zeit in Anspruch nimmt, aber dafür absolut sicher ist. Man legt das lederne Rückenstück auf einen vollkommen ebenen Untergrund (z. B. ein Stück Preßspanplatte). Dann nimmt man zwei kräftige Latten, die länger als das Lederstück sind, und befestigt sie an beiden Seiten der Scharnierrinnen mit vier Nägeln (siehe **Abb. 87**). Natürlich dürfen die Nägel das Leder nicht beschädigen. Die Latten oder Brettchen müssen glatt anliegen und dürfen nicht biegsam sein, da sie den Lederstreifen ja über die gesamte Länge andrücken sollen. Wenn das Leder auf diese Weise fixiert liegt, kann man den Rücken mit Schmirgelpapier schärfen. Dabei beginnt man mit ziemlich grobem Papier und geht dann zu mittelfeinem und schließlich zu feinem Schmirgelpapier über.

Die Anfertigung der Bünde

Wir nehmen den Streifen für den Rücken, den wir uns bereits aus Karton oder dünner Graupappe zurechtgeschnitten hatten, legen ihn auf eine der Buchdeckelpappen und zeichnen darauf an, wo sich die Heftschnüre befinden. Diese Stellen werden vornehmlich für die Bünde benutzt. Wir können allerdings noch zusätzlich einige Bünde mehr anbringen, die dann eben nicht über den Heftschnüren liegen. Es ist nicht unbedingt notwendig, daß sich die Bünde ausschließlich über den Schnüren befinden. Man kann sie ohne weiteres auch anders anordnen. Wesentlich ist nur, daß wir sie gleichmäßig und symmetrisch über den Rücken verteilen. Es gilt dabei als feste Regel, daß der Kopfteil etwas länger gehalten wird als die Felder zwischen den Bünden und daß der Schwanzteil wiederum etwas länger ist als das Feld am Kopf.

Wir schneiden nun aus einem Stück Graupappe von etwa 1,5 bis 2 mm Stärke so viele Bünde, wie wir auf dem Rücken anbringen wollen, und halten diese genauso breit, wie die Pappe stark ist. Auf keinen Fall dürfen die Streifchen für die Bünde zu breit oder zu stark sein, denn das später darübergeklebte Leder verbreitert sie ohnehin. In der Länge müssen die Bünde der Breite des Rückenstreifens entsprechen. Mit einem sehr scharfen Messer schrägen wir nun die Pappstreifchen eines nach dem anderen ab, so daß sie die Form bekommen, die auf **Abb. 88** dargestellt ist. Die Schrägungen müssen leicht gewölbt verlaufen, was am besten mit Schmirgelpapier zu erreichen ist. Anschließend werden die Bünde auf die angezeichneten Stellen des Rückenstreifens geklebt und gut angedrückt. Danach schmieren wir den Rückenstreifen einschließlich der Bünde sorgfältig mit warmem Leim an und legen ihn auf die Mittelbahn des Lederstückes (auf dem wir uns ja den dafür bestimmten Streifen vorher angezeichnet hatten). Alles wird gut angedrückt. Die Bünde liegen jetzt auf der Fleischseite des Leders.

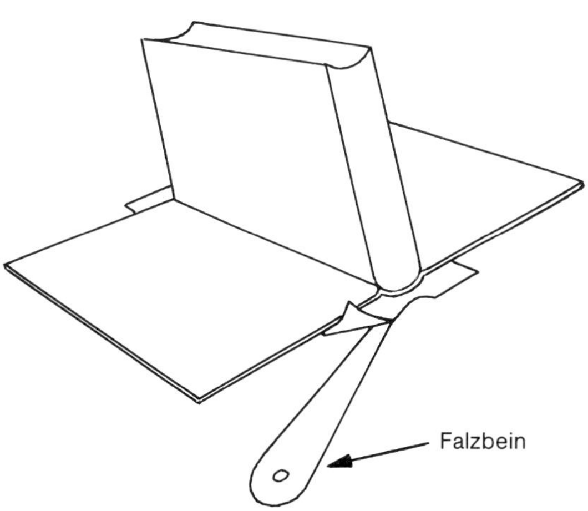

Abb. 89: Das Einschlagen an Kopf und Schwanz mit Hilfe des Falzbeines.

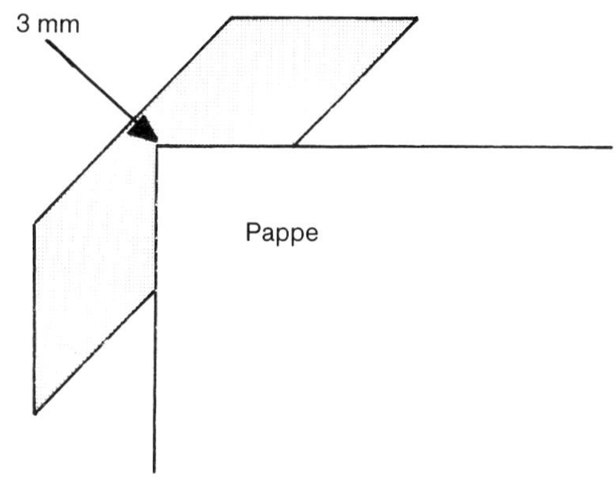

Abb. 90: Das Anbringen einer Lederecke.

Nun drehen wir das Ganze um und drücken das Leder mit streichenden Bewegungen der flachen Hand auf den Rückenstreifen. Wir gehen von der Mitte aus und streichen es zum Kopf und zum Schwanz hin, wobei wir gleichzeitig einen seitlichen Druck ausüben, damit sich das Leder um die Bünde schmiegt. Dann schneiden wir uns ein kleines Stück Graupappe zurecht, das schmaler als die Felder zwischen den Bünden und etwas länger als die Bünde selbst sein soll. Dies nehmen wir in die eine Hand und in die andere das Falzbein. Dann drücken wir das Stück Graupappe gegen einen der Bünde, während wir das Leder an der anderen Seite des gleichen Bundes mit dem Falzbein scharf einreiben. Danach führen wir dasselbe auf der anderen Seite des Bundes aus. Auf diese Weise werden alle Bünde nacheinander bearbeitet.

Jetzt wird das Leder wieder umgedreht. Wir kleben mit heißem Leim noch einen weiteren Papierstreifen auf den Innenrücken, der diesem in Länge und Breite genau entspricht. Er dient dazu, den Rücken noch etwas härter zu gestalten. Alle diese Arbeitsgänge müssen schnell nacheinander durchgeführt werden, solange der Leim heiß und weich ist. Schließlich nutzen wir die verbleibende Zeit noch aus, um den Rücken mit der Handfläche vorsichtig zu runden.

Anschließend kommt das Buch mit dem Rücken nach oben in eine Presse. Es muß so weit herausragen, daß wir das Leder anbringen können. Danach schmieren wir das Leder erst einmal mit nicht zu dickem Kleister an. Tatsächlich, Leder klebt man mit Kleister! Nur für den Innenrücken mit den Bünden verwendet man heißen Leim.
Das Leder wird angeschmiert, nicht der Innenrükken! Wir lassen den Kleister etwas einziehen und schmieren das Leder dann ein zweites Mal mit Kleister an. Danach legen wir den Lederstreifen mit dem Innenrücken auf den Rücken des Buches, was sehr genau ausgeführt werden muß!
Wir ziehen das Leder an beiden Seiten auf die Pappen herunter und drücken es gut an. Danach muß das Buch mindestens eine Stunde lang trocknen. Um das Leder gegen Beschädigungen zu schützen, legen wir auf jede Seite des Buches erst ein Stück weiches Papier, bevor wir es zwischen die Preßbretter und unter nicht zu kräftigem Druck in die Presse setzen.

Das Einschlagen von Kopf und Schwanz

Nach einer Trocken- und Preßzeit von einer Stunde legen wir das Buch mit dem Rücken auf den Tisch, schlagen beide Buchdeckel auf und halten den Buchblock senkrecht. Kleister und Falzbein haben wir griffbereit. Nun schmieren wir die Einschläge mit Kleister an, heben den Buchblock gerade so hoch, daß die Deckel noch liegen bleiben, und legen mit dem Falzbein die Einschläge um die Pappen (siehe **Abb. 89**). Sie müssen so stramm sitzen, daß kein Spielraum zwischen dem Leder und den Stirnseiten der Pappen bleibt. Bei dieser Arbeit kommt es uns sehr zugute, daß wir zuvor die Ecken an der Falzseite der Pappen abgeschrägt haben. Der Einschlag am Rücken selbst wird anders behandelt, und auch hier spielen die abgeschrägten Ecken eine gewisse Rolle.
Nach dem Einschlagen holen wir das Leder am Rückenteil mit dem Falzbein wieder etwa 2 mm zurück. Danach binden wir eine dünne Schnur stramm um das Buch. Sie wird durch die vier abgeschrägten Ecken der Pappen geführt und verläuft in den Rückenfälzen. Jetzt dehnen wir das Leder an Kopf und Schwanz des Rückens noch ein wenig und streichen es dann über das Kapitalband, so daß dadurch eine Art Schutzkappe (das sog. Häubchen) entsteht. Es ist auch tatsächlich die Funktion des Einschlages, das Kapitalband zu schützen. Schließlich stellen wir das Buch senkrecht hin und drücken mit der Spitze des Falzbeines diese Kappe vorsichtig gegen die Rundung.

Das Anbringen der Ecken

Lederecken werden im Prinzip auf die gleiche Weise angebracht wie Leinenecken. Nur in zwei Punkten weicht die Anfertigung ab:

- Leinenecken klebt man mit Leim auf, für Lederecken hingegen wird Kleister benutzt.
- Leineneinschläge liegen an der Innenseite der Pappen etwas übereinander. Bei Lederecken jedoch müssen die Einschläge sauber aneinanderstoßen.

Das letztere ist gar nicht so einfach, da Leder ja sehr dehnbar ist. Aber eben diese Dehnbarkeit hat auch einen Vorteil, den wir nutzen können. Leder läßt sich nämlich nicht nur strecken, sondern auch etwas stauchen, wenn es erforderlich ist. Zunächst schärfen wir die Eckenstücke dort noch etwas mehr, wo die Eckpunkte der Pappen hinkommen sollen. Wir werden gleich begreifen, warum das nötig ist. Die Ecken müssen so auf die Pappen geklebt werden, daß die beiden Einschläge genau spiegelgleich sind und im eingeschlagenen Zustand aneinanderstoßen und nicht übereinanderliegen. Außerdem ist darauf zu achten, daß das Leder an der Pappenecke 3 mm übersteht (siehe **Abb. 90**). Am besten probieren wir dies alles zunächst einmal ohne Kleister aus und zeichnen auf den Ekken mit Bleistift an, wo genau die Pappen liegen müssen.
Wenn die Ecken dann mit Kleister angeschmiert sind, kleben wir sie so auf die Deckel, daß der eingeschlagene Teil gegeneinander anliegt. Wenn eine Spalte offenbleibt, strecken wir das Leder etwas mit dem Falzbein, und wenn es übereinanderreicht, dann schneiden wir ein wenig davon ab oder stauchen das überschüssige Leder mit dem Falzbein etwas ineinander. Die Eckenspitze des Leders wird rund nach innen gezogen und glattgestrichen, daher das zusätzliche Schärfen.

Die Fertigstellung des Buches

Die letzten Arbeitsgänge werden keine erheblichen Schwierigkeiten mehr bereiten. Besonders schön wirken die Einbände, wenn man die Buchdeckel nun mit französischem Handmarmor bezieht (das eventuell sogar selbst angefertigt wurde). Dann müssen nur noch die Vorsätze angeschmiert und vorgeklebt werden. Abschließend wird das Buch gepreßt, wobei man nicht vergessen darf, zwei Bogen sauberes, weiches Papier zwischen den Einband und die Preßbretter zu legen.

Leim- oder Kleisterflecke auf dem Leder

Entstandene Flecke werden sofort nach Fertigstellung des Buches beseitigt, noch bevor es in die Presse kommt. Das geschieht mit Hilfe eines Schwammes, den man mit sauberem Wasser oder Essig angefeuchtet hat. Noch ehe die Vorsätze vorgeklebt werden, muß das Leder wieder vollkommen trocken sein. Das Buch wird nach der Reinigung zwischen zwei saubere Stücke Karton gelegt und etwas beschwert. Erst wenn das Leder soweit getrocknet ist, daß es einen gleichmäßigen Farbton zeigt, wird es fertiggestellt.

Leder läßt sich vielseitig verwenden

Natürlich läßt sich Leder auch bei den verschiedensten anderen Gegenständen, die wir selbst anfertigen können, verwenden. Im Kapitel »Kartonagen« besprechen wir einige Möglichkeiten, die unter den Begriff »Kartonagen« fallen. Da ist es natürlich in vielen Fällen möglich, Leinen durch Leder zu ersetzen oder Leinen in Kombination mit Leder zu verarbeiten. Die Arbeitsgänge, die in diesem Kapitel beschrieben wurden, gelten grundsätzlich auch für die Kartonagen.

Abschließend noch eine Bemerkung: Wenn wir das Leder anschmieren, um es auf Pappe zu kleben, verwenden wir immer Kleister. Kleister aber haftet nur auf einem einigermaßen saugfähigen Untergrund. Bei glattem Untergrund brauchen wir Leim. Dies gilt z. B., wenn wir Leder auf Leinen kleben wollen. Wenn wir Leim verwenden, wird niemals das Leder angeschmiert, sondern immer der Untergrund, auf dem das Leder angebracht werden soll. Leder wird hart und steif, wenn der Leim direkt darauf geschmiert wird. Im Gegensatz zu Kleister feuchtet Leim nicht durch, wodurch Narbe und Glanz des Leders erhalten bleiben.

Die Anfertigung von Phantasie- und Marmorpapier; das Marmorieren und Färben von Leder

Material und Werkzeug:

- Eine Marmorierwanne (eine Foto-Entwicklerschale ist hierzu gut geeignet)
- Druck- und Linoldruckfarbe in verschiedenen Farbtönen und weiterhin verschiedene Gegenstände, die im Laufe dieses Kapitels noch zur Sprache kommen werden.

Für Marmorpapier gibt es zwei Anfertigungsmethoden, von denen die eine sehr einfach und die andere etwas umständlicher ist. Bei der letzteren jedoch handelt es sich um die traditionelle Herstellungsweise, mit der sich prachtvolles Marmorpapier anfertigen läßt. Da aber für diese Methode allerhand vorbereitende Arbeiten notwendig sind, ist es ratsam, sich gleich eine größere Anzahl Bogen zurechtzulegen, wenn man zu arbeiten beginnt. Zunächst besprechen wir die einfache Methode des Marmorierens.

Abb. 91: Das Anbringen der Farbe.

Abb. 92: Das Verteilen der Farbe.

Öltunk- oder Terpentinmarmorpapier

Diese Marmorpapiere haben ihre Namen der Tatsache zu verdanken, daß zu ihrer Herstellung eine Ölfarbe verwendet wird, die mit Terpentin oder Terpentinersatz (der billiger ist) verdünnt werden muß. Das Endprodukt wird häufig als »Französisches Handmarmor« bezeichnet. Wir benötigen eine Marmorierwanne, die mindestens eine Tiefe von 5 cm hat. Am besten eignet sich ein Gefäß mit den Maßen 50 × 60 × 5 cm, denn darin läßt sich ein brauchbares Papierformat unterbringen. Aber natürlich geht es auch mit einer kleineren Wanne von etwa 30 × 40 × 5 cm. Wir setzen immer voraus, daß die Papierbögen, die wir marmorieren, mindestens so groß sind, daß man zwei Buchdeckel damit beziehen kann.

Weiterhin benötigen wir eine Anzahl selbstgefertigter Reisstroh-»Besen«, denn für jede Farbe, die wir verwenden, ist ein besonderer »Besen« nötig. Die **Abbildungen 91** und **92** zeigen einige dieser »Besen« und eine Marmorierwanne.

Als Farben kommen Buchdruck- oder Offsetfarben in Frage, oder auch Ölfarben, wie sie Kunstmaler verwenden. Am preisgünstigsten aber sind wahrscheinlich Farben, mit denen Linoleumschnitte gedruckt werden. Geschäfte, die über ein ausreichendes Sortiment an Zeichen- und Malutensilien verfügen, können sicher auch Linoldruck-Farben in Tuben liefern. Bei der Wahl dieser Farben muß unbedingt darauf geachtet werden, daß es sich um Ölfarben und nicht um sog. Aquadruckfarben handelt. Nur Farben, die auf Ölbasis aufgebaut sind,

eignen sich für Terpentinmarmor (Farben auf Wasserbasis dagegen werden für Kleistermarmorpapiere verwendet).
Natürlich brauchen wir verschiedene Gefäße zum Mischen der Farben. Am besten nimmt man kleine Schalen, die nach dem Gebrauch weggeworfen werden können. Eierbehälter aus Plastik sind z. B. sehr geeignet. Ein Behälter für 10 Eier ergibt schon 20 Farbmischtöpfe! Auch die Meßbecher aus Waschmittelpaketen lassen sich hierzu noch gut nutzen. Das Marmorieren wird am besten in einem Raum durchgeführt, in dem ein paar Farbflecke keinen Schaden anrichten können, denn wahrscheinlich wird nicht alle Farbe auf dem Marmorpapier landen! Auch mit Hinblick auf die Kleidung ist zu bedenken, daß es nicht ganz ohne Spritzer abgeht. Außerdem müssen wir noch einen Platz vorbereiten, wo die Marmorpapiere anschließend auf ausgebreitetem Zeitungspapier trocknen können.
Ist das nötige Papier vorhanden, so kann das Marmorieren beginnen. Das Papier darf zwar kräftig, aber nicht zu schwer sein, denn es muß sich ja später gut auf die Deckel eines Buches kleben lassen. Bei zu schwerem Papier bringt das Einschlagen leicht Probleme mit sich. Besonders gut eignet sich 80 g (pro m^2) schweres Papier, das vorzugsweise leicht getönt und nicht rein weiß sein sollte. In den Geschäften für Zeichen- und Malutensilien ist Papier in den verschiedensten Pastelltönen erhältlich, welches diese Voraussetzungen erfüllt.
Der Grund, warum man lieber getöntes Papier verwendet, besteht darin, daß sich beim Marmorieren manchmal kleine Luftblasen auf dem Papier absetzen, die bei weißem Papier häßliche weiße, runde

Abb. 93: Marmorpapier (aus Diem/Bieberstein »Buntpapiere selber machen«).

Flecke hinterlassen. Bei getöntem Papier fallen derartige Flecke viel weniger auf.
Wir stellen die Wanne auf den Tisch und füllen sie bis 1 cm unterhalb des Randes mit sauberem Wasser. Die **Abbildungen 91** bis **95** zeigen die verschiedenen Arbeitsgänge. Nun verdünnen wir drei oder vier Farben mit Terpentin. Die gebräuchlichsten Farben sind Schwarz, Rot, Gelb und Blau. Aber natürlich kann man auch Sekundärfarben einsetzen. Die Hauptsache ist, daß die Farben ein harmonisches Ganzes bilden. Beim Marmorieren mischen sich die Farben nicht miteinander. Wenn Farben gemischt werden sollen, so muß das vorher in einem der Farbnäpfe geschehen.
Jetzt nehmen wir einen der kleinen Reisstrohbesen (siehe **Abb. 91, 92, 94, 95**). Man kann ähnliche auch aus einer alten Scheuerbürste selbst anfertigen. Wir tauchen den Pinsel in eine der Farben, am besten in eine dunkle Farbe, z. B. Schwarz oder Sepia, und klopfen dann mit dem Zeigefinger einige Tropfen davon ab. Hat die Farbe die richtige Konsistenz, so schwimmen die Tropfen im Marmorierbad und verbreiten sich über die Wasseroberfläche. Wenn sie aber ganz oder teilweise auf den Wannenboden absinken, dann ist die Farbe noch zu dick und muß stärker verdünnt werden.
Hat sich ein großer Teil der Farbe über die Wasseroberfläche verteilt, beginnen wir andere Farben auf die gleiche Weise einzutropfen. Wir werden dabei feststellen, daß sich die neuen Tropfen nicht mit den alten vermischen, sondern sich dazwischen einlagern und die vorher eingebrachte Farbe ver-

Abb. 94: Das Hineinlegen des Bogens.

Abb. 95: Das Herausnehmen des Bogens.

drängen. Dadurch entstehen die verschiedensten Muster in allen möglichen Variationen.
Wenn die ganze Oberfläche bedeckt ist, lassen wir die nunmehr entstandene Zeichnung auf uns wirken. Gefällt sie uns nicht, so können wir sie noch verändern. Wir rühren vorsichtig mit einer Nadel oder einem dünnen Stock durch die Farben. Dadurch bilden sich wieder andere Formen. Schütteln sollte man die Wanne möglichst nicht, denn das übt wenig Wirkung auf die Farben aus und birgt die Gefahr, daß der Inhalt über den Rand schwappt.
Wenn uns das Muster schließlich gefällt, nehmen wir einen Bogen Papier an seiner schmalen Seite mit beiden Händen auf. Wir gehen davon aus, daß die Laufrichtung des Papiers in der Breite und nicht in der Länge des Bogens verläuft. Natürlich kommt es auch hier wieder darauf an, die Laufrichtung zu berücksichtigen, denn, wie bizarr das Muster in der Wanne auch sein mag, es ist doch eine gewisse Linie darin, die wir beim Beziehen der Deckel berücksichtigen müssen.
Wir halten das Papier nun über die Wanne und biegen es zu einem Halbkreis. Dann legen wir das Mittelstück des Bogens so gleichmäßig wie möglich hinunter auf die Farbmischung. Wir kontrollieren kurz, ob die ganze Breite des Papiers die Farbe berührt, und lassen dann beide Enden los. Jetzt liegt der Bogen glatt auf der Farbschicht. Da sich die Farbe unmittelbar mit dem Papier verbindet, können wir den Bogen sofort wieder herausnehmen. Wir fassen das Papier an zwei Ecken, ziehen es aus der Wanne und legen es in einer kontinuierlichen Bewegung mit der marmorierten Seite nach oben auf die ausgebreiteten Zeitungen. Ist ein Wasserhahn

in der Nähe, so kann das Papier erst kurz abgespült werden, da sich manchmal doch noch Farbteile darauf befinden, die sich nicht damit verbunden haben. Dann lassen wir den Bogen trocknen. Es ist normal, daß sich das Papier dabei etwas wölbt, aber wenn es nach dem Trocknen eine Weile gepreßt wird, ist es bald wieder tadellos und vollkommen glatt.

So haben wir dann unser erstes Terpentinmarmorpapier hergestellt. Natürlich experimentieren wir jetzt weiter mit anderen Farben, anderem Papier, Mischfarben usw. (und sei es nur, weil die Farbe noch nicht alle ist).

Das »klassische« Marmorpapier

Wir wenden uns nun der zweiten, etwas arbeitsintensiveren Methode zu. Es ist ein Verfahren, dessen Resultate noch schöner als bei der zuvor beschriebenen Arbeitsweise sind, da die Farben fließender und pittoresker verlaufen. Es erfordert allerdings mehr Vorbereitungen und ist durch die Verwendung von Irischem Moos (Karagheenmoos oder Gummitragantlösung) etwas teurer, was auch nicht übersehen werden darf. Irisches Moos (Karagheenmoos oder Gummitragantlösung) kann man in der Drogerie kaufen oder bestellen lassen.

Warum gerade Irisches Moos?

»Als Grundstoff für die Marmorierlösung wird Irisches Moos verwendet. Dieses Moos ist eine getrocknete Seepflanze (Tang), die an den Küsten Irlands vorkommt und deren Zellen viel Schleim enthalten. Wenn Irisches Moos gekocht wird, tritt der Schleim aus den Zellen und es entsteht die Flüssigkeit, die ›Schleimlösung‹ genannt wird.« (H. Duyvewaardt, Graf. Revue 1924/25).

Für eine Marmorierwanne (50 × 60 × 5 cm), die etwa 12 l Wasser faßt, rechnet man mit 150 g Irischem Moos (was natürlich preislich einkalkuliert werden muß).

Dem ist gegenüberzustellen, daß wir Marmorpapiere für viele Bücher herstellen können, wenn wir uns erst einmal entschlossen und allen Zubehör für dieses Verfahren besorgt haben. Dann verteilen sich die Kosten doch erheblich. Aldous Huxley sagt am Ende seines Vorwortes zur »Brave New World«: »You pay your money and you takes your choice«, was soviel heißt wie: Es ist Ihr Geld, und Sie treffen die Entscheidung.

Und das können wir auch unseren Lesern nicht ersparen. Nur derjenige, der beide Methoden ausprobiert hat, kann entscheiden, welche die bessere ist.

Jetzt zur traditionellen Arbeitsweise. Wenn wir von einer Wassermenge von etwa 12 l ausgehen, so setzt das eine Marmorierwanne von 50 × 60 × 5 cm voraus. Wer nur eine kleinere Wanne hat, muß umrechnen. In dieser Beschreibung wollen wir eine Wanne in den Maßen 50 × 60 × 5 cm voraussetzen.

Hier das Rezept für die zweite Methode: In einem sauberen Topf bringt man sieben Liter Wasser zum Kochen. Wenn das Wasser kocht, fügt man 150 g Irisches Moos hinzu und läßt es 5 bis 10 Minuten auf kleiner Flamme kochen. Dann füllt man noch 2 bis 3 Liter kaltes Wasser auf und setzt 25 g (oder ccm) Formalin und 15 g Borax zu. Diese Lösung läßt man durch ein feines Sieb laufen und abkühlen. Dann gießt man die so entstandene gelatineartige Flüssigkeit um in die Marmorierwanne, die bis zu 1 cm unter dem Rand gefüllt wird.

Die Temperafarben aus der Tube werden mit Wasser so weit verdünnt, daß sie auf der Schleimlösung schwimmen; einige Tropfen Ochsengalle bewirken, daß sich die Farben auf der Lösung ausbreiten. Man tropft mit einer Pipette nach und nach die Farben ineinander oder nebeneinander auf, verzieht die Farbflächen zunächst mit einem Stäbchen, dann mit einem (selbst zu fertigenden) Kamm. Dadurch entstehen die bizarren Muster, für die zahlreiche Variationen möglich sind – die hier zu beschreiben zu weit führen würde. In Spezialveröffentlichungen über die Anfertigung von Buntpapieren ist über die technischen Feinheiten (wie über die Probleme bei diesem Verfahren) mehr zu lesen und zu lernen (siehe Literaturverzeichnis am Schluß des Buches).

Kleisterpapier

Wie es der Name bereits sagt, wird dieses Papier mit Hilfe von Kleister angefertigt. Genauer gesagt dient hier der Kleister als Bindemittel für die Farbe. Für Kleisterpapier dürfen keine Farben auf Ölbasis verwendet werden, sondern nur solche auf Wasserbasis. Wir können z. B. mit normalen Plakat- oder Temperafarben auf Wasserbasis arbeiten. Ecoline oder andere Tuschfarben sind weniger geeignet, da sie zu schnell in das Papier einziehen.

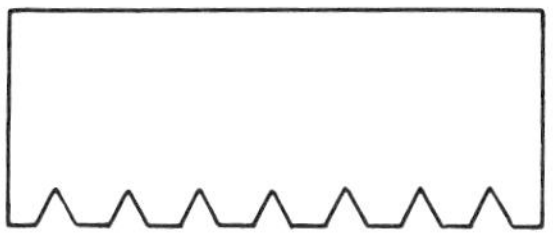

Abb. 96: Ein »Kamm«

Wir verwenden das gleiche, nicht zu schwere Papier, wie für die Herstellung von Marmorpapier. Sehr gut lassen sich die Rückseiten einiger billiger Tapetensorten für Kleistermarmorpapier nutzen, sofern das Tapetenmuster auf der anderen Seite vollkommen glatt ist.

Neben Kleister und Farbe benötigen wir noch einige Pinsel (für jede Farbe, die wir gebrauchen wollen, einen) und genauso viele Wassergläser. Außerdem ist es zu empfehlen, einen aus Graupappe angefertigten »Kamm« (siehe **Abb. 96**) bereitliegen zu haben. Mit diesem Kamm lassen sich die verschiedensten Muster in den Kleister ziehen.

Zunächst geben wir etwas Farbe in ein Wasserglas. Wir können einfarbig arbeiten oder auch mit mehreren Farben. Der Kleister wird mit Wasser dünnflüssig gemacht und dann zu der Farbe in dem Glas gegossen. Während wir das Gemisch gut umrühren, können wir jetzt von außen genau feststellen, ob sich Farbe und Kleister überall gleichmäßig mischen. Das ist der Vorteil des Wasserglases.

Mit dieser Mischung schmieren wir nun einen Bogen schön dick an und verzieren ihn mit den verschiedensten Mustern. Wir müssen nur sehr schnell arbeiten, da der Kleister in etwa 10 Minuten trocken ist. Diese Zeit kann man etwas verlängern, wenn man das Papier vorher naß macht.

Nachstehend führen wir eine Anzahl von Möglichkeiten auf, wie der eingestrichene (der Buchbinder sagt »angeschmierte«) Bogen mit einem Muster oder einer Struktur versehen werden kann. Diese Aufzählung ist natürlich nicht vollständig. Denn auf diesem Gebiet läßt sich endlos experimentieren.

1. Man nimmt zwei Bogen Papier und schmiert jeden für sich mit einer anderen Farbe an. Das sollte mit einem großen Pinsel geschehen, mit dem sich der Kleister in kräftigen Strichen auftragen läßt. Der eine Bogen wird in Laufrichtung angeschmiert, der andere in Querrichtung dazu.

Dann legt man die beiden Bogen mit den angeschmierten Seiten aufeinander, streicht mit leichtem Druck darüber und zieht sie danach wieder auseinander. Das ergibt überraschende Effekte.

2. Man schmiert einen Bogen mit irgendeiner Farbe an und verziert ihn dann mit dem Kamm, indem man Streifenmuster, Karos oder allerlei andere Ornamente in den Kleister zieht.

3. Anstelle des Kammes kann man auch einen schmalen Streifen Graupappe nehmen und damit die verschiedensten Zeichnungen anbringen. Man kann natürlich auch den Titel des Buches, für welches das Papier angefertigt wird, in den Kleister schreiben.

4. Man befestigt einen Bogen Papier mit Klebestreifen auf einem Brett. Nachdem man ihn angeschmiert hat, hebt man das Brett an einer Seite so weit hoch, bis es schräg steht, und läßt dann Wasser in feinen Strahlen darüberlaufen. Hierbei leistet eine Blumenspritze gute Dienste. Natürlich kann man das Brett auch bewegen, um das Wasser in bestimmte Richtungen zu lenken. Diese Technik führt oft zu guten Resultaten.

5. Pinselstriche und Tupfer. Zunächst schmiert man wieder einen ganzen Bogen in einer Farbe an, und dann betupft und bepinselt man ihn so lange mit anderen Farben, bis ein ansprechendes Muster entsteht.

Gestempeltes Kleisterpapier

Diese Variante möchten wir gesondert besprechen, weil dabei anders vorgegangen wird. Neben den Gläsern zum Mischen von Farbe und Kleister braucht man hier zusätzlich noch eine Glasplatte (mindestens 30 × 40 cm) und eine Gummirolle, wie sie beim Linoldruck verwendet wird.

Stempel lassen sich aus den verschiedensten Materialien anfertigen. Am einfachsten sind die Stempel, die aus einer Kartoffel, einer Zuckerrübe oder etwas ähnlichem geschnitten werden. Zu diesem Zweck halbiert man eine Kartoffel, Rübe o. ä. und schnitzt dann in die glatte Schnittfläche einen Stempel ein. Mit ihm wird der ganze Bogen Papier verziert, indem man das Ornament, sooft es einem gefällt, daraufstempelt. Zunächst aber muß nun etwas Farbe auf der Glasplatte ausgerollt werden. Natürlich könnte man die Kartoffel direkt in die Farbe drücken, aber das führt leicht zu unsauberer Arbeit. Besser ist es, die Farbe mit Hilfe der Gummirolle auf die Kartoffel zu übertragen.

Man kann auch wie beim normalen Kleisterpapier vorgehen, also den Bogen Papier zuerst ganz anschmieren und danach den Kartoffelstempel hineindrücken. Dadurch, daß überall, wo man stempelt, die Farbe weggedrückt wird, entsteht ein hübscher Effekt. Stempel können auch aus Kork, Gummi (z. B. aus einem Radiergummi), Schaumstoff, Holz und natürlich aus Linoleum geschnitten werden.
Wenn wir jedoch Stempel aus dauerhaften Materialien anfertigen, ist es empfehlenswert, das Verhältnis Farbe zu Kleister so zu verändern, daß die Farbanteile überwiegen. Die richtige Zusammensetzung läßt sich am besten durch Experimentieren finden. Auch die Gummirolle kann als Stempel dienen. Man braucht damit nur kreuz und quer über das Papier zu rollen, und schon wird sich ein entsprechendes Muster ergeben.
Es gibt noch eine zweite Einsatzmöglichkeit der Gummirolle: Man windet eine Schnur spiralförmig um die Walze. Dann bringt man auf die Glasplatte eine dünne, gleichmäßige Farbschicht auf und rollt mit der Gummirolle zuerst leicht über die Farbe und anschließend über das Papier. Wenn wir nicht zu sehr aufdrücken, wird die Schnur die Farbe und später das Papier berühren, wodurch sich ein eigenartiges Linienspiel auf dem Bogen abzeichnet.
So gibt es unzählige Möglichkeiten, von denen auf **Abb. 93** und **101** einige Beispiele zu sehen sind.

Nachbehandlung des Marmor- und Kleisterpapiers

Eine Nachbehandlung ist nicht notwendig. Da es aber nicht jedem gefällt, daß Kleisterpapier nach dem Trocknen verhältnismäßig glanzlos wird, möchten wir doch noch einige diesbezügliche Hinweise geben. Man kann dem Papier z. B. die duffe Struktur nehmen, wenn man es mit Bienenwachs einreibt. Das beseitigt die Glanzlosigkeit, ohne die Bogen blank wirken zu lassen.
Das gleiche gilt für die Behandlung mit Fixativ. Dabei handelt es sich um dasselbe Mittel, das bei Holzkohle- und Pastellzeichnungen verwendet wird, um die Bilder auf dem Papier zu fixieren. Man bekommt es in Geschäften für Zeichen- und Malbedarf. Unbedingt dazu gehört eine kleine Spritze, wie sie auf **Abb. 97** zu sehen ist. Das dünne Röhrchen der Spritze wird in die Flasche mit Fixativ gesteckt und das dickere Rohr, das rechtwinklig zum dünneren steht, in den Mund genommen. Wenn man nun bläst, entsteht ein feiner Fixativnebel, mit dem man das Papier übersprüht. Dadurch bildet sich eine schützende Schicht, die nicht blank wirkt, aber die ärgste Glanzlosigkeit beseitigt.

Abb. 97: Fixierspritze.

Wer das Marmor- oder Kleisterpapier richtig glänzend haben möchte, der muß es firnissen, was sehr gut möglich ist. Zu diesem Zweck besorgt man sich am besten in einem Geschäft für Zeichen- und Malbedarf Retuschierfirnis, den auch Kunstmaler benutzen.

Das Verzieren des Buchschnittes

Fast alle für die Anfertigung von Marmorpapier beschriebenen Methoden können auch beim Buchschnitt angewendet werden. Im allgemeinen beschränkt man sich beim Verzieren des Schnittes auf den Schnitt am Kopf.
Selbstverständlich muß das Marmorieren des Buchschnittes geschehen, bevor die Buchdeckel angebracht werden!
Wer mit der für Öltunkpapier beschriebenen Methode den Schnitt verzieren will, wird es nicht ganz leicht haben, aber möglich ist es! In dem Fall muß der Schnitt kräftig zwischen zwei Bretter eingepreßt und der Buchkopf dann senkrecht auf die Wasseroberfläche hinuntergelassen werden. Das beste Resultat erzielt man, wenn man die zwei Bretter zwischen zwei Leimklemmen festsetzt, denn dann kann man absolut sicher sein, daß kein Wasser in den Schnitt hineinläuft.
Wir können auf dem Schnitt auch die Kleistermusterung anbringen, wobei natürlich in gleicher Weise dafür gesorgt werden muß, daß die Seiten kräftig zusammengepreßt sind.

Abb. 98: Ein verzierter Buchschnitt.

Es gibt auch noch andere Methoden zur Schnittverzierung:

1. Der Schnitt wird einfach mit einem Pinsel und Farbe angemalt. Hierzu gibt es im Fachhandel besondere Schnittfarben.

2. Der Sprenkelrahmen mit zugehöriger Sprenkelbürste. Diese beiden Instrumente gehören von alters her zur Ausrüstung der Buchbinder und sind darum auch im Kapitel »Materialien und Werkzeuge« mit abgebildet worden.

Nun zum Gebrauch des Sprenkelrahmens. Wir nehmen die Sprenkelbürste und tauchen diese so in die Farbe, daß sie mäßig damit durchtränkt ist. Das kann Schnittfarbe sein, aber es eignet sich auch Tusche. Dann bürsten wir über einer ausgebreiteten alten Zeitung an dem Rahmen erst die größeren Tropfen ab. Danach werden die noch vorhandenen kleinen Tropfen auf den Schnitt gespritzt, wodurch dieser ein gesprenkeltes Aussehen bekommt. Natürlich gibt es auch hier wieder Variationen. Man kann beispielsweise vor dem Sprenkeln einige Reiskörner oder etwas anderes, das körnig ist, auf den Schnitt legen. Das hinterläßt dann weiße Flekke und erzeugt einen besonderen Effekt (siehe **Abb. 99**). Der Schnitt auf dieser Abbildung wurde mit blauer Tusche gesprenkelt, wobei Reiskörner ungleichmäßig verteilt auf dem Buchschnitt lagen. Hiermit wollen wir das Marmorieren abschließen und zum Färben und Marmorieren des Leders übergehen. Wie gesagt, es gibt unzählige Möglichkeiten auf dem Gebiet des Färbens und Marmorierens. So kann man z. B. auch die Fixierspritze, die bereits erwähnt wurde, anstelle des Sprenkelrahmens einsetzen. Den Sprenkelrahmen kann man auch zum Marmorieren benutzen. Es lassen sich wunderbare Marmorpapiere herstellen, wenn man einen Bogen mit nicht getöntem Kleister anschmiert und ihn dann mit Tusche oder Farbe besprenkelt.

Das Marmorieren und Färben von Leder

Aufgrund des sehr großen Angebots fertig bearbeiteten Leders werden diese Techniken nur noch selten von den Buchbindern angewendet. Trotzdem soll die Beschreibung, wie man Leder selbst marmorieren und färben kann, in diesem Buch nicht fehlen, damit es Hobbybuchbindern gelingt, dem Leder bei der Restaurierung alter Bücher das Aussehen zu geben, das zu der jeweiligen Ausgabe paßt. Zum Färben und Marmorieren des Leders wird Beize verwendet, und zwar eine Beize, die man selbst anfertigen muß. Wachs- oder Wasserbeizen, die in Dosen vom Fachhandel erhältlich sind, kommen hierfür absolut nicht in Frage.

Rezepte für die Anfertigung von Lederbeize:

1. Eisenrost-Beize (auch Nagelbier genannt). Die einfachste Herstellungsweise besteht darin, einige Eisenstücke oder -späne einige Tage in etwa 200 bis 250 ccm Bier oder Essig liegenzulassen. Bei beiden Flüssigkeiten empfiehlt es sich, die Mischung einige Tage warm zu stellen, z. B. an einem Heizkörper.

2. Braune Lederbeize (verschiedene Rezepte).

a) 25 g Pottasche (Kaliumcarbonat) werden in 200 ccm Wasser aufgelöst.

b) 15 ccm Seifenlauge werden in 200 ccm Wasser aufgelöst. Möglicherweise muß man noch etwas mehr Wasser hinzufügen.

c) 25 g rotes Blutlaugensalz (Kaliumferricyanid) werden in 250 ccm Wasser aufgelöst. Diese Mischung muß in einer braunen Flasche im Dunkeln aufbewahrt werden.

Wie bei allen Rezepten, so ist es auch hier der »Koch«, der schließlich über die richtigen Mengen entscheidet. Darum machen wir, wie immer bevor wir an die Arbeit gehen, zunächst eine Probe mit einem Stück Abfalleder. Das zu behandelnde Leder muß weiß sein. Am besten nimmt man unbehandeltes Schafs- oder Kalbsleder.

Die Arbeitsweise ist einfach. Da erst nach dem Färben und Marmorieren zugeschnitten wird, nehmen wir das Lederstück, das beispielsweise für einen Halbfranzband (also Rückenstück und Ecken) bearbeitet werden soll, als Ganzes und machen es erst einmal vollkommen naß. Dann wringen wir es vorsichtig aus und spannen es mit beiden Händen auf einen glatten Untergrund, z. B. eine Glas- oder Marmorplatte. Danach muß es mit dem Falzbein von der Mitte aus nach den Seiten zu gut glattgestrichen werden, wodurch möglicherweise auch noch überschüssiges Wasser hinausgedrückt wird. Zum eigentlichen Marmorieren, das wir nun in Angriff nehmen wollen, ziehen wir am besten ein Paar Gummihandschuhe an, da die Finger von den Beizen braun und rauh werden. Selbstverständlich sind die Beizen nur für äußeren Gebrauch gedacht und sollen gut gekennzeichnet an einem vor Kindern sicheren Ort aufbewahrt werden. Nimmt man diese Beizen zu sich, sind sie gesundheitsschädigend. Also Vorsicht! Wir nehmen nun einen kleinen, feinporigen Schwamm (der nicht aus synthetischem Material sein soll) und feuchten diesen in der Beize mäßig an, beispielsweise für Rezept **2a.** Dann streichen wir mit tupfenden und drehenden Bewegungen gleichmäßig über das Leder. Gerade Striche von rechts nach links oder von oben nach unten sind zu vermeiden! Wenn das Leder die Pottasche aufgesogen hat, nehmen wir einen zweiten Schwamm, der ebenfalls nicht zu grob sein darf, und tauchen diesen in das »Nagelbier« von Rezept **1.** Wir drücken ihn weitgehend wieder aus und tupfen dann an einigen Stellen auf das Leder. Der ausgelöste Prozeß wird sofort sichtbar, und man kann nach eigenem Gutdünken bestimmen, wo und wie die Tupfen angebracht werden sollen.

Gesprenkeltes Leder

Das Leder wird, wie zuvor beschrieben, naß gemacht und danach mit einer stark verdünnten Lösung von beispielsweise Rezept **2b** gleichmäßig gebeizt. Wenn es etwas angetrocknet ist, nehmen wir Sprenkelrahmen und -bürste und bespritzen das Leder mit einer dunklen Beizlösung. Auf dem noch feuchten Leder fließen die Spritzer dann aus, wodurch sich ein überraschender Effekt ergibt. Es ist auch möglich, mit Beize in zwei Farben zu arbeiten. Die Spritzer können größer oder kleiner sein, das hängt davon ab, wieviel Beize wir mit der Bürste aufnehmen. Es ist dabei immer ratsam, eine Zeitung zur Hand zu haben, auf der man ausprobieren kann, wie groß die Spritzer werden.

Beim Spritzen können wir wieder allerlei Variationen anbringen, wenn wir das Leder mit Reiskörnern oder Sägemehl bestreuen.

Nachbehandlung von marmoriertem Leder

Zur Nachbehandlung gibt es sehr komplizierte Rezepturen. Wenn aber das Leder noch mit einer Goldstempelung versehen werden soll (siehe nächstes Kapitel), dann ist es ratsam, vorläufig nichts diesbezügliches zu unternehmen. Ist aber keine Goldstempelung vorgesehen, dann können wir das Leder, wenn es trocken ist, mit reinem Bienenwachs einreiben und mit einem weichen Flanellappen nachpolieren.

Die Möglichkeiten der Einbanddekoration

Material und Werkzeug:

- Transferschriften
- eine Buchstabenzange
- Messingbuchstaben
- Stempel, Rollen und Fileten
- Goldfolie
- Vergoldepuder

} ausschließlich zum Handvergolden

Wenn man ein altes Buch neu eingebunden hat, ist es naheliegend, daß man ihm ein Aussehen geben möchte, das dem Original so weit wie möglich entspricht. Das heißt, es sollen Titel und Name des Verfassers sowohl auf dem Vorderdeckel als auch auf dem Rücken erscheinen. Oft ist dabei der alte Einband des Buches noch ganz oder teilweise zu verwerten.
Wenn es sich um einen Leineneinband handelt, dann schneidet man das, was auf dem Vorderdekkel und Rücken noch brauchbar ist, heraus. Meist läßt sich Leinen nämlich recht bequem von Grau- oder Strohpappe herunterziehen. Ist das aber nicht der Fall, dann muß man diese Teile in Wasser aufweichen, was sich übrigens grundsätzlich empfiehlt, da sich dabei auch die eventuell daran klebenden Leim- oder Pappreste ablösen. Ist das Leinen wieder gut getrocknet, wird es mit Kunstharzkleber auf das neu gebundene Buch geklebt.
Die Wiederverwendung eines alten Papiereinbandes ist zwar schwieriger, aber möglich. Es wird in den meisten Fällen nötig sein, die Pappe des Einbandes aufzuspalten, damit die wieder zu verwendenden Teile (Umschlag und Rücken) so dünn wie möglich werden. Das kann unter Umständen in trockenem Zustand glücken, wenn man mit einem scharfen Messer irgendwo auf der Rückseite der Pappe beginnt. Sollte es sich aber als undurchführbar erweisen, so bleibt auch hier nur die Möglichkeit, die Teile in Wasser einzuweichen. Manchmal wird es sogar nötig sein, den Einband mehr als einmal einzuweichen, um alles befriedigend zu entfernen. Danach wird das, was wieder verwendet werden soll, getrocknet, maßgerecht geschnitten und mit Kunstharzkleber auf das Buch geklebt.
Sollen Teile eines alten Bucheinbands auf dem neuen wieder verwendet werden, so besteht die Möglichkeit, diese Teile auf den neuen Einband zu legen und übereinander beide Stücke auszuschneiden. Dazu wird die neue Klinge eines sog. Teppich- oder Kartonmessers gute Dienste leisten.
Wichtig ist, daß der Schnitt durch beide hindurchgeht, also durch das aufgelegte Teil und den Untergrund, in welchem später das Teil eingelassen wird. Es ergibt sich durch die Übereinanderlagerung eine vollkommene Schnittübereinstimmung.

Transferschriften

Wenn der ursprüngliche Umschlag aus irgendeinem Grund nicht verwendet werden soll, besteht die Möglichkeit, Titel, Namen usw. mit Transfer (Abreibe-)buchstaben auf dem Einband anzubringen. Diese Transferschriften bekommt man heutzutage in allen Bürobedarfsgeschäften und sogar in Warenhäusern und Supermärkten. Viele von den angebotenen Qualitäten sind allerdings zur Beschriftung von Büchern nicht unbedingt geeignet.
Diese Buchstaben haften auf Papier, Plastik und anderen glatten Materialien, vor allem aber auch auf Leinen, sofern die Struktur des Gewebes nicht zu grob ist. Die meisten zum Buchbinden verwendeten Gewebe bilden heute einen gut haftenden Untergrund. Auf **Abb. 99** wird gezeigt, wie ein Vorderdeckel mit Transfer-Buchstaben beschriftet wird. Es gibt etwa 400 unterschiedliche Buchstabentypen, die in verschiedenen Farben, auch in Gold, lieferbar sind.
Diejenigen, die sich noch nicht gleich mit dem wesentlich teureren Handvergolden beschäftigen wollen, werden sich vorerst mit diesen Buchstaben gut behelfen können.

Beschriften von selbst angefertigtem Marmorpapier

In dem Kapitel, das sich mit der Selbstanfertigung von Marmorpapier befaßte, wurde bereits erwähnt, daß man den feuchten Kleister mit Zeichnungen, Titel, Namen usw. versehen kann.

Selbstverständlich ist das auch noch möglich, wenn das Marmorpapier trocken ist. Je nach Geschmack und künstlerischen Fähigkeiten eignen sich hierzu chinesische Tusche, andere Tuschen, Plakatfarbe oder ähnliches.

So kann man z. B. eine Schablone ausschneiden, diese auf das Marmorpapier legen und die ausgeschnittenen Buchstaben oder Darstellungen dann mit einer kontrastfarbenen Tusche ausfüllen bzw. sie durch Übersprühen mit der Fixierspritze sichtbar machen. Diese Methode ist allerdings recht zeitraubend.

Man kann die Titel, Namen oder Darstellungen auch mit Linoleumstempeln drucken. Bei nur einmaliger Verwendung der Stempel wäre diese Arbeitsweise natürlich wenig sinnvoll. Handelt es sich aber um mehrere Bände oder Zeitschriftenjahrgänge, lohnt es sich schon, sie einmal auszuprobieren.

Das Handvergolden

Unter Handvergolden verstehen wir das Handdrucken von goldenen Buchstaben, Linien und figürlichen Motiven. Das hört sich sehr viel einfacher an, als es in der Praxis ist. Auch möchten wir gleich auf die recht teuren Anschaffungen hinweisen, die dafür notwendig sind.

Das traditionelle Handvergolden geschieht mit Blattgold. Es erfordert viel Geschick und setzt Fachkenntnisse voraus. Dank der modernen Technik ist ein einfacheres Verfahren entstanden, das wir hier beschreiben wollen.

Wer aber die alte Blattgoldmethode beherrschen will, muß die entsprechende Literatur zu Rate ziehen.

Material und Werkzeug:

Zunächst benötigen wir einen Zentralschriftkasten und die dazugehörigen Buchstaben. Beides bekommt man beim Fachhandel für Buchbinderbedarf.

Zentralschriftkästen gibt es in den verschiedensten Ausführungen. Die teuersten sind sogar elektrisch beheizt. Ein solcher Prägestempel ist im Kapitel »Materialien und Werkzeuge« abgebildet. Das abgebildete Stück ist nicht beheizt und heißt »Universalschriftkasten«. Dieser Name bezieht sich darauf, daß der Schriftkasten bzw. Stempel auf verschiedene Buchstabenhöhen einstellbar ist. Buchstaben für die Buchdruckerpresse stimmen nämlich nicht immer mit der Höhe der beim Handdruck gebräuchlichen Buchstaben überein.

Bei der Anschaffung von Buchstaben müssen wir auch an Spatien denken, die wir für die Zwischenräume benötigen. Punkte, Kommas usw. werden normalerweise bei einem Alphabet mitgeliefert. Und natürlich schaffen wir uns Goldfolie an, die es in den verschiedensten Breiten und Arten, von Hell bis Dunkel, von Matt bis Glänzend gibt. Gold- oder Vergoldepuder ist nützlich, aber nicht unbedingt erforderlich. Es wird eigentlich nur beim Arbeiten mit Blattgold benötigt und dient beim Vergolden mit Goldfolie dazu, den Glanz zu erhöhen.

Neben dem Zentralschriftkasten mit den Buchstaben müssen wir auch Linienfileten und Zierprägestempel zur Hand haben. Die Abbildungen dieser Werkzeuge sind ebenfalls im letzten Kapitel zu finden.

Bei den Linienfileten handelt es sich um strichförmige, gebogene Stempel. Sie werden tatsächlich zum Prägen von Linien benutzt, z. B. an den Bünden auf dem Buchrücken. Es kommt sogar vor, daß unter und über den vorhandenen Bünden zusätzlich noch goldene Linien geprägt werden. Auch für umrahmende Linien auf dem Vorder- und Hinterdeckel bedient man sich dieser Fileten.

Zierprägestempel sind meist von kleinem Format und können rechteckig, quadratisch, oval oder rund sein. Da sie ausschließlich für Verzierungen benötigt werden, sind sie mit den verschiedensten Motiven versehen, beispielsweise mit Blumen, Karos, Dreiecken, Rosetten usw.

Schließlich brauchen wir noch die Linienrolle, die auch im Kapitel »Materialien und Werkzeuge« abgebildet ist. Sie wird auf **Abb. 100** noch einmal gesondert gezeigt. Mit diesem Rädchen prägt man kontinuierliche Linien, genau wie mit den Linienfileten. Die Linienrolle ist jedoch mit einer Vorrichtung versehen, die das Anfertigen von umrahmenden Linien erheblich erleichtert. Am Kreisumfang

Abb. 99: Die Arbeit mit Transfer-Buchstaben.

des Rädchens befindet sich eine Aussparung von 2 cm, die beim rechtwinkligen Aufeinandertreffen zweier Linien sehr hilfreich ist. Durch diese Aussparung läßt sich genau bemessen, wo man mit dem Prägen aufhören muß. Bei den Fileten hingegen ist man in dieser Hinsicht nur auf sein Gefühl angewiesen.
Jetzt haben wir alle Handwerkzeuge zum Handvergolden genannt mit Ausnahme einer gas- oder spiritusbeheizten Vergoldelampe. Sie darf keinesfalls fehlen (auch dann nicht, wenn uns ein elektrisch erwärmter Zentralschriftkasten zur Verfügung steht, der einige hundert Mark kostet), denn wir benötigen sie dringend zum Erwärmen der Fileten und Motivstempel.

Arbeitsweise:
Das Handvergolden beruht im Prinzip darauf, daß man das Gold mit den erwärmten Buchstaben, Präge- oder Linienstempeln auf das Gewebe oder Leder des Bucheinbandes überträgt, wo es mittels einer dünnen Leimschicht, die auf der anderen Seite der Goldfolie angebracht ist, haftet.

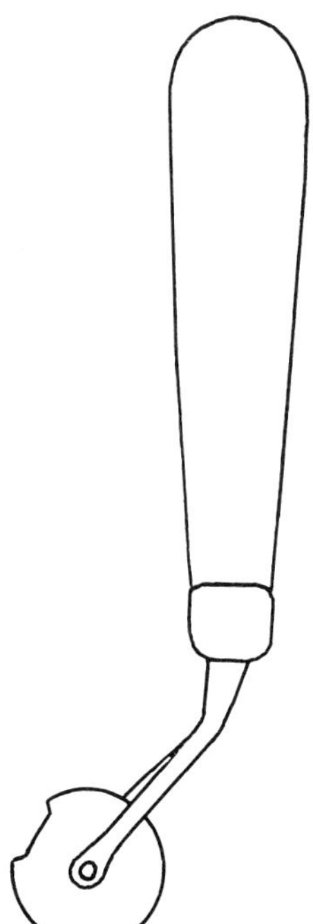

Abb. 100: Linienrolle.

Die Arbeit wird folgendermaßen durchgeführt: Wir bestimmen zunächst genau, wo Titel, Namen usw. auf dem Vorderdeckel eingeprägt werden sollen. Auf diese Stelle legen wir ein Stück Goldfolie und genau an den unteren Rand derselben einen Streifen aus Karton oder Papier. Dieser Streifen ist unsere Grundlinie.
Wir machen den Zentralschriftkasten mit den darin eingelegten Buchstaben auf der Vergoldelampe warm (siehe **Abb. 102**). Das ist nicht ganz einfach, da es allein auf Erfahrung und Fingerspitzengefühl beruht, die richtige Temperatur zu treffen. Der Stempel darf nicht zu heiß, aber auch nicht zu kühl sein. Am besten macht man die Probe mit dem nassen Finger. Kräftiges Zischen bedeutet, daß der Stempel zu heiß ist, schwaches Zischen dagegen zeigt an, daß die Temperatur stimmt.
Dann können wir prägen. Das muß immer in einer abrollenden Bewegung von einer Seite zur anderen, also von links nach rechts oder von rechts nach links geschehen. Niemals darf der Zentralschriftkasten wie ein normaler Gummistempel aufgesetzt werden. Ist die ganze Zeile geprägt, legen wir den Buchstabenstempel wieder auf die Gasflamme und heben den Goldfolienstreifen vorsichtig ab. Hierbei ist es wichtig, daß wir den Karton- bzw. Papierstreifen vorläufig festhalten und nicht verschieben, denn möglicherweise müssen wir ein zweites Mal prägen und benötigen dann diese Grundlinie. Sollte sich tatsächlich herausstellen, daß die erste Prägung nicht zur Zufriedenheit ausgefallen ist, dann können wir, nachdem wir etwas Vergoldepuder angebracht haben, die Goldfolie behutsam etwas aufschieben. Dabei muß der Karton- bzw. Papierstreifen unverändert liegen bleiben, um anschließend auf der gleichen Stelle eine erneute Prägung vornehmen zu können.
Ist die Prägung nun gelungen, können wir die Goldfolie und den Streifen aus Karton bzw. Papier entfernen und das eventuell überflüssige Vergoldepuder wegblasen. Falls sich in dem Gold noch Unregelmäßigkeiten befinden, wird die geprägte Zeile leicht mit einem weichen Radiergummi bearbeitet. Jede weitere Behandlung kann nur schaden! Wenn das Resultat uns nicht befriedigt, haben wir irgend etwas falsch gemacht. Dann gibt es nur einen Trost: Das nächste Mal wird es bestimmt bes-

Abb. 101: (Rechte Seite) Einbandmaterialien.

Marmorpapier

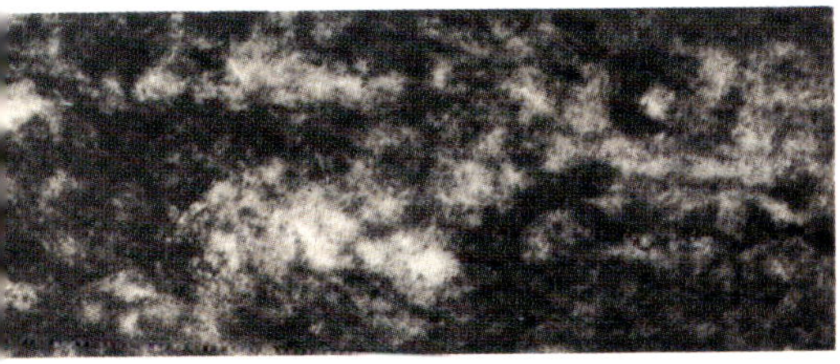

1. Wolkenmarmorpapier

2. Gustavmarmorpapier

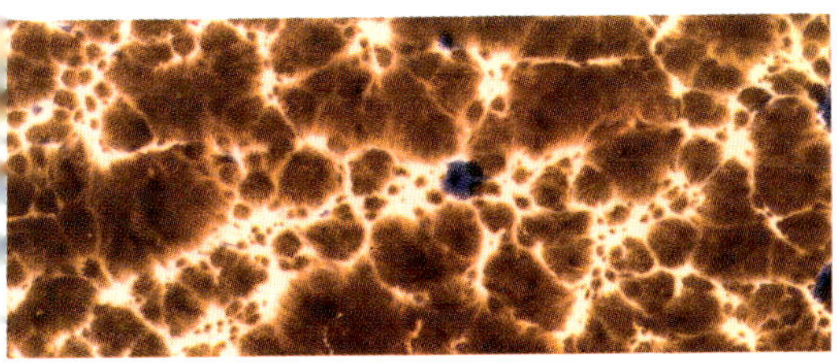

3. Gustavmarmorpapier

4. Gekämmtes Kleisterpapier

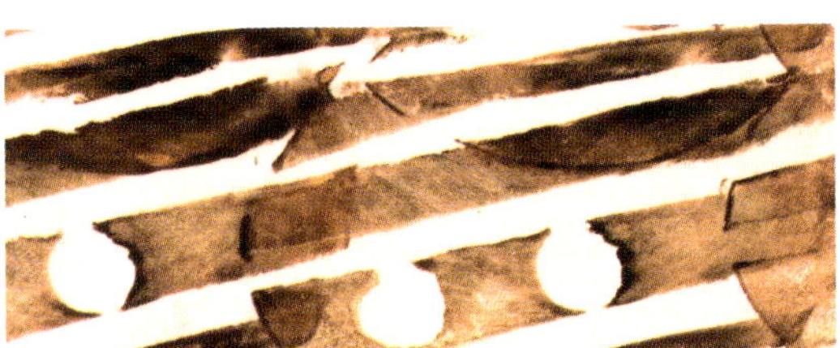

5. Gestempeltes Kleisterpapier

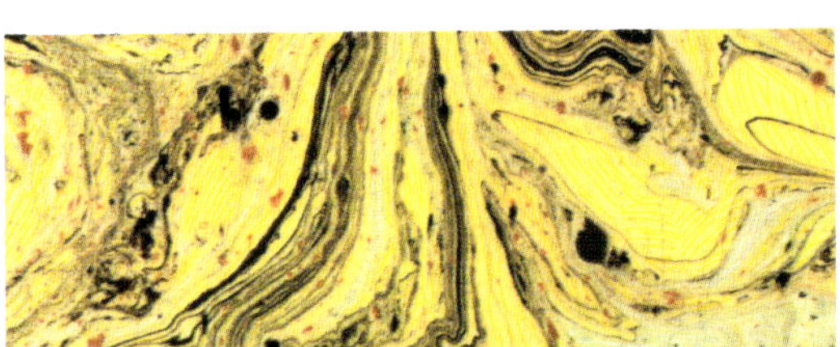

6. Öltunkpapier

Papiersorten

1. Papier mit Lederprägung

2. Papier mit Lederprägung

3. Papier mit Leinenprägung

4. Packpapier

5. Vorsatzpapier

6. Vorsatzpapier

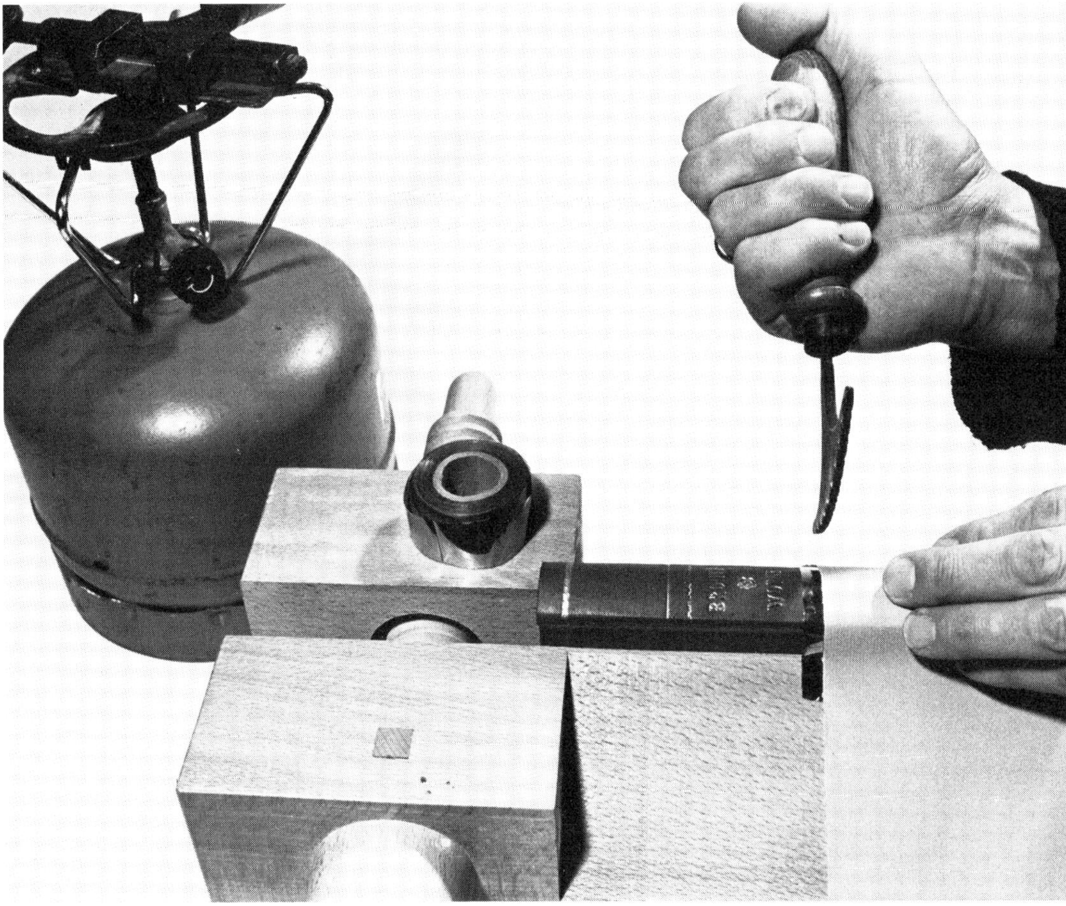

Abb. 102: Handvergolden mit einer Filete. Auf der Vergoldelampe liegt ein Zentralschriftkasten.

ser! Auch beim Handvergolden gilt wieder das alte Sprichwort: Übung macht den Meister! Und das hat noch immer seine Gültigkeit.

Der Rücken wird auf die gleiche Weise bearbeitet, wobei seine gewölbte Form das Vergolden erschwert. Selbstverständlich spannen wir das Buch mit dem Rücken nach oben in eine Vergolde- oder Klotzpresse (siehe **Abb. 102**).

Bevor wir mit der Arbeit beginnen, müssen wir gut überlegen, wie die handvergoldete Beschriftung hinsichtlich der Breite von Rückenfalz zu Rückenfalz und der Länge vom Kopf zum Schwanz auf dem Rücken angeordnet werden soll. Gerade die Rückenbeschriftung ist es ja, auf die man im Bücherschrank sieht. Der Streifen aus Karton bzw. Papier, der auch hier als Grundlinie nötig ist, kann beim Rücken mit einem Klebestreifen an der Presse befestigt werden, was auf jeden Fall eine Erleichterung ist.

Wer sich das Rückenvergolden etwas einfacher machen will, der kann sich ein sog. Titelschild anfertigen. Das ist ein rechteckiges Leinenstück – eventuell mit einer umrahmenden Goldlinie abgesetzt –, das glatt auf dem Tisch liegend mit dem Titel und allem, was man sonst noch wünscht, handvergoldet wird. Dieses Titelschild kann man später mit Kunstharzkleber auf dem Buchrücken anbringen.

Das ist eine gar nicht so ungebräuchliche Arbeitsweise. Man nimmt dabei für das Titelschild gern

Leinen in einer stark kontrastierenden Farbe, nach Möglichkeit Schwarz. Viele moderne, maschinell hergestellte Buchausgaben erinnern in ihrer Aufmachung noch an diese früher sehr verbreitete Art der Beschriftung.
Das Linien- oder Stempelprägen wird auf dem Titelschild nach der gleichen Methode vorgenommen wie auf dem Einband.

Blindprägungen

Prägt man mit Fileten, Stempeln oder Buchstaben, ohne Gold zu verwenden, so nennt man das Blindprägen. Dies ist nur auf Leder, und zwar ausschließlich auf glattem Leder möglich, so wenigstens lautet die Regel. Im Prinzip wird das Leder dabei mit den Stempeln oder Fileten gesengt. Oft aber reicht eine einzelne Behandlung nicht aus, so daß man den Vorgang zwei oder gar dreimal wiederholen muß, um ein brauchbares Resultat zu erzielen.
Selbstverständlich spielt auch hier der persönliche Geschmack eine wesentliche Rolle, und es ist noch die Frage, ob die Blindprägung wirklich nur auf Leder beschränkt bleiben muß. Es lassen sich nämlich auch auf bestimmten Leinensorten besonders gute Ergebnisse erzielen. Das gleiche trifft auch für synthetische Ledersorten zu, also Kunstleder, das oft mehr an Plastik als an Leinen erinnert. Die Praxis hat gezeigt, daß auch hier Blindprägungen mit nicht zu warmen Stempeln und Fileten zu sehr befriedigenden Resultaten führen.

Kartonagen

Unter Kartonagen verstehen wir eine Reihe grundverschiedener Gegenstände, zu deren Herstellung Graupappe, Leinen oder Leder verwendet werden, die aber nichts mit einem Buch zu tun haben.
Wir wollen in diesem Kapitel besprechen, wie sich ein großes Poster am besten aufziehen läßt und wie Mappen für verschiedene Zwecke, Schreibunterlagen und Futterale für kostbare Bücher angefertigt werden. Es handelt sich dabei um grundsätzliche Techniken, die ohne weiteres auch für andere Kartonagen, beispielsweise Luxusdosen, gelten.

Das Aufziehen von Postern und Bildern

Hierfür werden sich besonders die Leser interessieren, deren Hobby es ist, die sog. »brass-rubbings« (Abreibungen) anzufertigen. Für alle, die nicht wissen, was Abreibungen sind, wollen wir es kurz erklären: In vielen Kirchen, besonders in England, aber auch in Frankreich, Belgien, Holland und Deutschland, findet man dünne Gedenktafeln aus Messing, die an den Wänden angebracht oder auch

Abb. 103: Die Schreibunterlage.

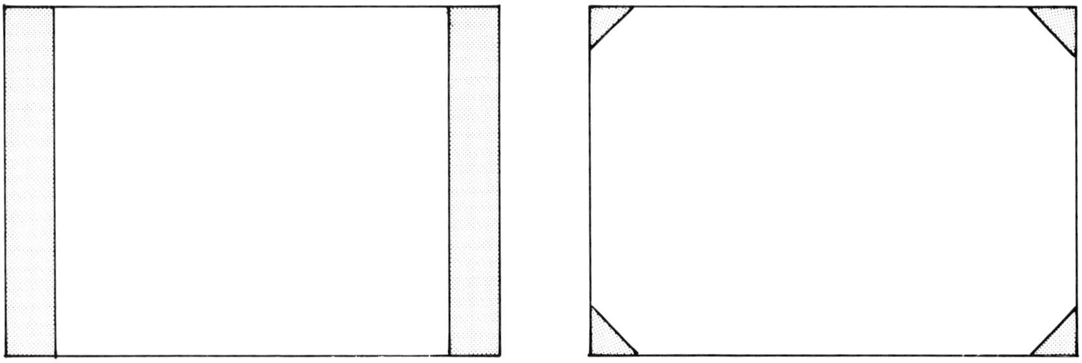

Abb. 104: Die beiden gängigsten Modelle für Schreibunterlagen.

in die Fußböden zur Erinnerung an prominente Persönlichkeiten eingelassen sind. Über diese Gedenktafeln, in die fast immer eine ziselierte Abbildung des Verstorbenen eingraviert ist, kann man einen Bogen Papier legen und dann durch Darüberreiben mit Wachskreide einen Abdruck der jeweiligen Darstellung nehmen. Dieser Abdruck ist entsprechend der fotografischen Terminologie ein Negativ, und zwar schwarz auf weiß. Die Linien der Falten in der Kleidung werden weiß, die belichteten Flächen dagegen schwarz. Solche »brasses« finden wir in Größen bis zu 2 × 2 m.
Wie werden solche Kopien nun aufgezogen? Graupappe ist nur für Bilder geeignet, die eine Höhe von etwa 125 cm nicht überschreiten. Das bedeutet, daß wir für unsere »brass-rubbings« keine Graupappe verwenden können, sondern uns in einem Fachgeschäft ein entsprechendes Stück Preßspanplatte zuschneiden lassen müssen. Für die Arbeitsweise aber bleibt es im Grunde egal, ob wir Graupappe oder Preßspanplatte beim Aufziehen zugrundelegen. Darauf möchten wir durch dieses Beispiel gleich hinweisen.
Der wesentliche Punkt beim Aufziehen von Abbildungen auf ein relativ dünnes Material (Graupappe oder Preßspanplatte) ist nämlich das Gegenkleben. Und sogar die Preßspanplatte muß gegengeklebt werden, damit sie sich nicht verzieht oder die Gefahr des Verziehens auf ein Minimum beschränkt bleibt. Aus diesem Grund gehen wir folgendermaßen vor:
Wir schneiden das jeweilige Material maßgerecht zu und bekleben eine Seite mit kräftigem Papier, wie wir es für manche Vorsätze oder auch zur Abarbeitung des Buchrückens verwenden. Der auf das gewünschte Maß zugeschnittene Bogen wird mit Kleister angeschmiert und anschließend zusammengefaltet zum Weichen hingelegt. Nachdem er gut durchfeuchtet ist, ziehen wir den Bogen wieder auseinander und kleben ihn von einer Seite aus langsam auf das für den Untergrund gewählte Material, sei es Graupappe oder Preßspanplatte. Möglicherweise entstehende Luftblasen müssen sorgfältig weggerieben werden.
Wenn wir auf diese Weise den Rücken angebracht haben, können wir das Poster oder das jeweilige Bild auf die gleiche Weise aufkleben. Sind beide Seiten beklebt, legen wir das Ganze auf eine ebene Unterlage, decken es mit Pappe ab und lassen es längere Zeit unter etwas Schwerem trocknen.

Die Anfertigung einer Schreibunterlage

Schreibunterlagen sind in den Geschäften recht teuer, aber schon ein einigermaßen erfahrener Buchbinder kann sie ohne weiteres selbst anfertigen (siehe **Abb. 103**).

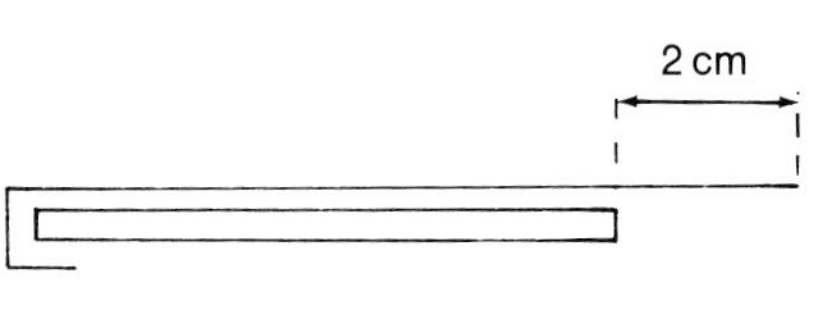

Abb. 105: Das Umkleben mit Leinen.

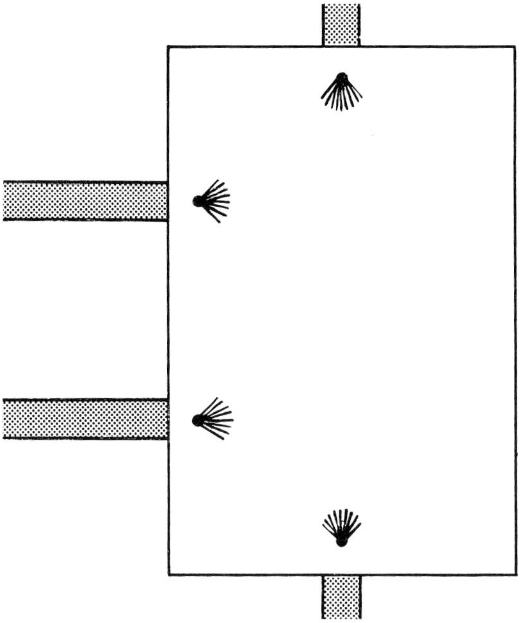

Zunächst muß man sich darüber im klaren sein, welches Format die Schreibunterlage bekommen soll. Man kann dies von dem Format des im Handel erhältlichen Löschpapiers abhängig machen.
Nachdem das Format der anzufertigenden Schreibunterlage festliegt, sind die folgenden Arbeitsgänge auszuführen: Wir schneiden aus 2 bis 3 mm starker Graupappe die Unterlage aus. Bei der Formgebung sind natürlich viele Variationen möglich, aber die beiden auf **Abb. 104** dargestellten Modelle sind wahrscheinlich die gängigsten. In der nachstehenden Beschreibung handelt es sich um eine Ausführung in Leinen, aber wie bereits im Kapitel über die Lederbearbeitung erwähnt, kann die Schreibunterlage genausogut auch in Leder ausgeführt werden. Leder wirkt luxuriöser.
Die Größe der Dreiecke bzw. die Breite der Seitenstreifen können wir selbst festlegen. Hierfür gibt es keine festen Regeln, aber wir müssen wohl für ausgewogene Proportionen sorgen. Als Faustregel

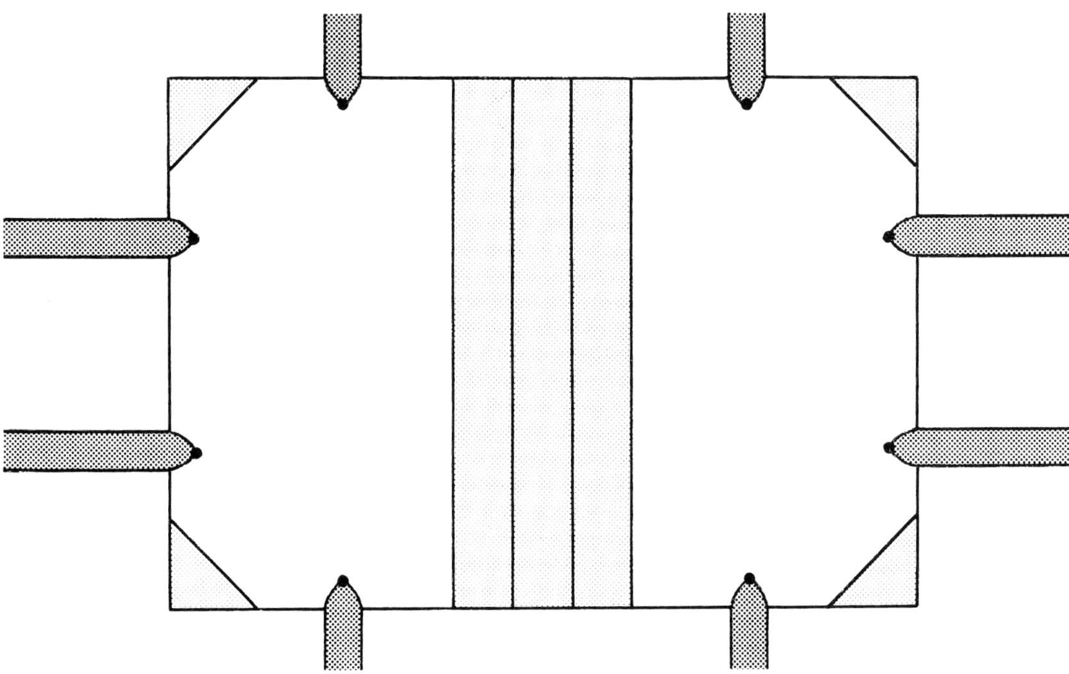

Abb. 106: Die Innen- und Außenseite einer Mappe ohne Klappen.

Abb. 107: Einige Mappen mit und ohne Klappen.

gilt, daß die Breite der Ecken etwa $\frac{1}{7}$ bis $\frac{1}{8}$ der langen Seite bedecken soll. Die Ecken bzw. Streifen schneiden wir aus einer Graupappe aus, die etwas dünner als die Pappe der Unterlage ist.

Nun werden die Ränder der Unterlage mit 3 cm breiten Leinenstreifen eingefaßt, die wir so aufkleben, daß sich sowohl an der Ober- als auch an der Unterseite 1,5 cm Leinen befindet. Die für die Ekken (bzw. Seitenstreifen) bestimmten Stellen werden dabei ausgespart bzw. wird die Randbekleidung dort nur einige Millimeter weit fortgesetzt. Das tun wir, damit die Trennung zwischen Leinen und Pappe nicht mehr zu sehen ist, wenn die Ecken (bzw. Seitenstreifen) später angebracht sind. Jetzt beginnen wir, die Ecken (bzw. Seitenstreifen) mit dem Bezugsstoff zu bekleben. Das Leinen muß an allen Seiten 2 cm größer als die Ecke (bzw. der Seitenstreifen) zugeschnitten werden, damit es dort, wo es der Schreibunterlage zugekehrt ist, um die Kanten der Pappen herumgeklebt werden kann (siehe **Abb. 105**). Nur an den auf der Schreibunterlage liegenden Eckpunkten wird es etwas eingekürzt. Es wird eingekürzt, damit es nicht aufträgt, wenn wir es später mit dem Falzbein (wie beim Beziehen der Buchdeckel) gegen die Stirnseite der Pappe drücken. Diese darf ja nach der Fertigstellung nicht mehr sichtbar sein.

Nachdem die Ecken (bzw. Seitenstreifen) bezogen sind, werden sie auf die Schreibunterlage geklebt. Auch hier muß beim Einschlagen der Leinenstreifen besonders darauf geachtet werden, daß an den Ecken keine Pappe mehr zu sehen ist. Abschließend bekleben wir die Schreibunterlage von unten mit einem Material eigener Wahl, z. B. Papier, Leinen, Filz oder Flanell.

Die Anfertigung von Mappen

Die Herstellung einer Mappe ohne Klappen ist sehr einfach und ähnelt der Anfertigung eines Dekkenbandes, auch wenn es kleine Unterschiede gibt. Zunächst schneiden wir zwei Deckel in den gewünschten Maßen zu. Diese Deckel verbinden wir an der Innenseite mit einem Rückenstreifen aus Leinen. Wir können auch noch, genau wie beim Buchrücken, eine Rückeneinlage aus Karton anbringen, aber notwendig ist das nicht. Die Rückenbreite zwischen den Deckeln bestimmen wir selbst, je nach dem Zweck, dem die Mappe dienen soll (siehe **Abb. 106**).

An der anderen Seite wird der Rücken mit einem Leinenstreifen beklebt, der so breit sein soll, daß sich wiederum eine ausgewogene Verteilung auf den Deckeln ergibt. Hierbei müssen die noch anzu-

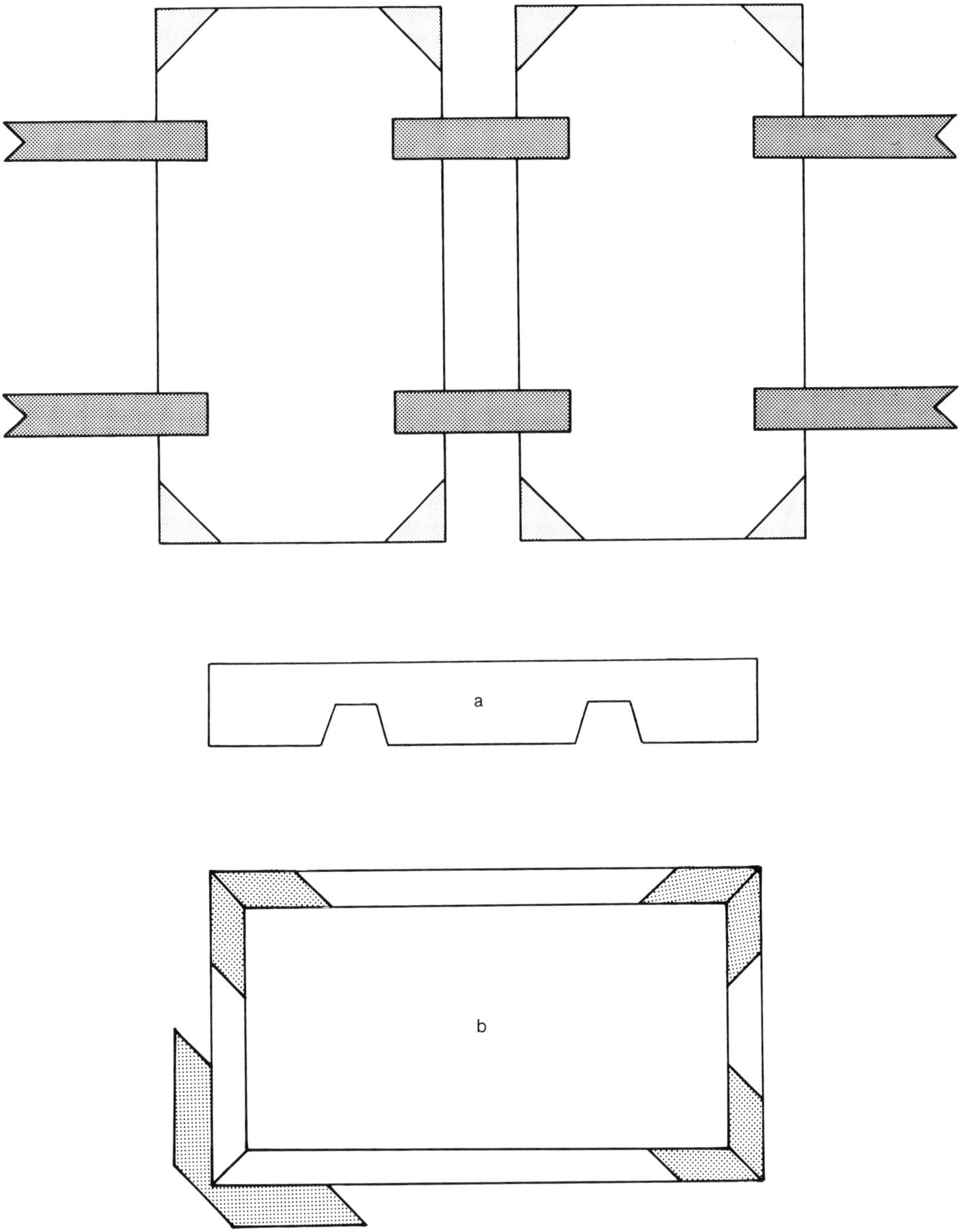

Abb. 108: Mappe mit Zugband; **a)** die Schablone zum Einschlagen der Schlitze; **b)** das Aufkleben der Leinenecken.

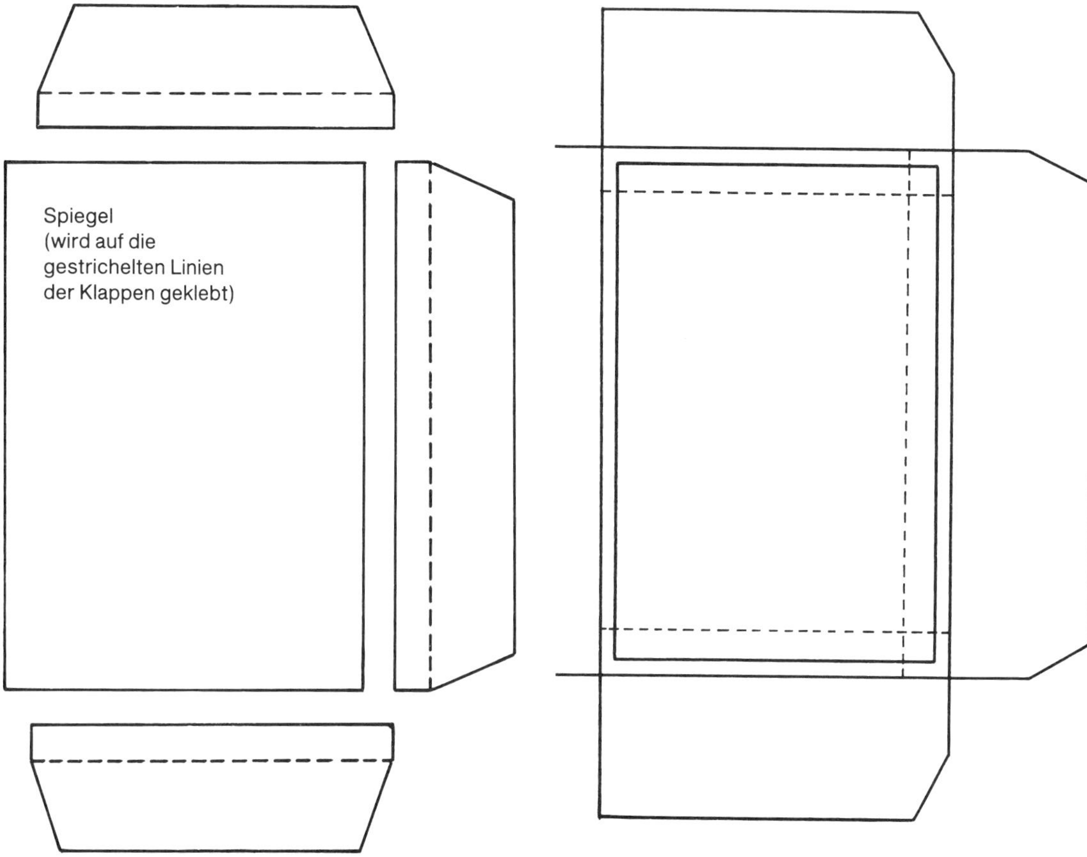

Abb. 109: Die Einzelteile und die zusammengeklebten Klappen mit Spiegel.

bringenden Leinenecken (bzw. Leinenseitenstreifen) berücksichtigt werden.
Wenn Rücken, Ecken oder Seitenstreifen angebracht worden sind, beziehen wir die Deckel auf die übliche Weise mit Marmorpapier.
Bevor wir die Innenseite beziehen, müssen wir zunächst die Bänder anbringen, mit denen die Mappe geschlossen werden kann. Wir benötigen hierzu ein kräftiges Band, das außer in Geschäften für Buchbinderbedarf auch in Möbel- und Textilgeschäften erhältlich ist.
Im allgemeinen werden die Mappen an Kopf und Schwanz und in der vorderen Mitte der Deckel mit jeweils zwei Bändern versehen. Die Löcher für die Bänder stanzen wir mit einem Locheisen aus. Sie sollen rund sein und einen Durchmesser von 3 bis 4 mm haben. Wer kein Locheisen hat, kann sich auch mit einem dicken Nagel behelfen, dem man zuvor die Spitze abgefeilt hat. Die Bänder werden von außen nach innen durch die Löcher gezogen. An der Innenseite fasern wir ein Stück von etwa 2 cm aus und kleben es fächerförmig auf die Pappe. An der anderen Seite versehen wir die Bandenden nicht etwa mit Knoten, sondern schneiden einen Schwalbenschwanz hinein, wie es auf **Abb. 107** zu sehen ist. Wenn alle Bänder angebracht worden sind, bekleben wir die Innenseite mit kräftigem Papier. Dies wird an allen Seiten etwa 0,5 cm vom Rand entfernt gehalten.

Mappe mit Zugband

Diese Mappe besteht eigentlich nur aus zwei einzelnen Deckeln ohne Rücken. Der Rücken wird durch die Bänder gebildet, die man durch die Dek-

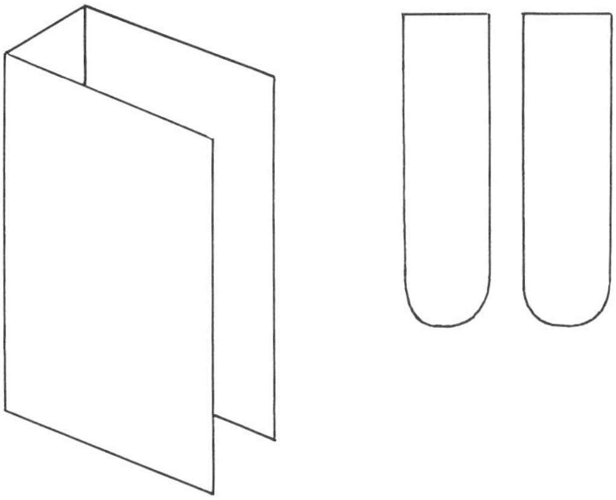

Abb. 110: Die Einzelteile eines Futterals.

kel hin und her schieben kann (siehe **Abb. 108**). Die Schlitze für die Bänder schlägt man am besten mit einem Stechbeitel, der die Breite der Bänder hat. Wenn man jeweils zwei Schläge in der Weise ausführt, daß die schräge Seite des Beitels zur Innenseite des Schlitzes gerichtet ist, bekommt man saubere rechteckige Öffnungen. Die Schlitze werden 1,5 cm vom Rand entfernt ausschließlich an der langen Seite angebracht, wo man sie für gewöhnlich auf das 1. und 3. Viertel der Gesamtlänge legt. Es ist sehr hilfreich, wenn man sich zuvor aus einem Stück Graupappe eine Schablone für die Schlitze anfertigt.

Mappe mit Klappen

Die Mappe mit Klappen, die zum Schutz des Mappeninhalts dienen, wird auf die gleiche Manier angefertigt wie die Mappe ohne Klappen. Man kann

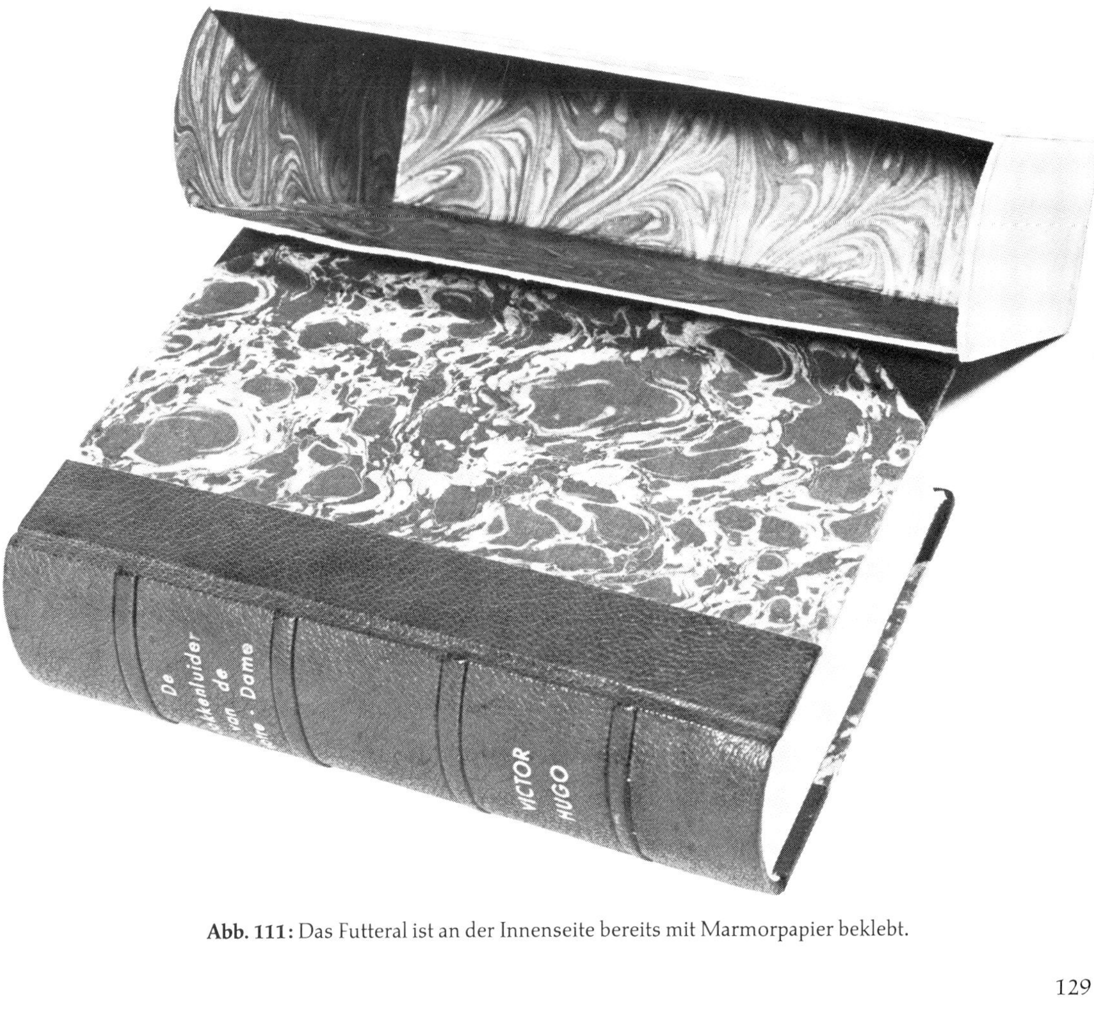

Abb. 111: Das Futteral ist an der Innenseite bereits mit Marmorpapier beklebt.

Nun werden die Klappen erst mit den kurzen geraden Randstreifen von 1 cm Breite unter den Spiegel geklebt und nach innen umgefalzt (siehe **Abb. 109**). Danach wird das Ganze in die Mappe geklebt. Wir erhalten eine besonders kräftige und schöne Ausführung, wenn wir die Klappen seitlich, dort wo sie im umgeklappten Zustand sichtbar sind, mit dem gleichen Leinen verstärken, das wir für den Rücken und die Ecken benutzt haben.

Abb. 112: Das Futteral während des Trocknens.

den Rücken eventuell noch mit einer Einlage aus Karton verstärken, die zwischen den inneren und den äußeren Leinenstreifen geklebt wird. Die Klappen schneidet man in der auf **Abb. 109** angegebenen Form ebenfalls aus Karton zu. Sie werden immer an der rechten Seite der Mappe angebracht. Dann fehlt noch der sogenannte Spiegel. Hierbei handelt es sich um ein aus dem gleichen Karton ausgeschnittenes Rechteck, das 1 cm schmaler und kürzer als die Grundfläche der Mappe sein muß.

Futteral für ein Luxusbuch

Ein Futteral ist eine Schutzhülle, in die man das Buch hineinschieben kann, während der Buchrükken frei sichtbar bleibt. Die Anfertigung ist nicht schwer. Damit das Futteral nicht zu plump wirkt, sollten wir zu seiner Herstellung eine Graupappe wählen, deren Stärke mindestens 1,5 mm beträgt. Wir stellen den Buchumfang fest und rechnen 1 bis 2 mm hinzu. Danach messen wir die Breite der Buchdeckel vom Vorderschnitt bis zum Rückenfalz. Auch die Höhe setzen wir etwas reichlicher ein, damit sich das Buch später bequem in das Futteral schieben und wieder herausholen läßt. Rükken, Vorder- und Hinterdeckel werden aus einem einzigen Stück Pappe zugeschnitten. Wir zeichnen den Rücken an und ritzen die Pappe dann auf den Bleistiftstrichen etwas ein. Auf diesen Einkerbungen können wir die Deckel jetzt leicht so weit umbrechen, bis sie senkrecht zum Rückenteil stehen.

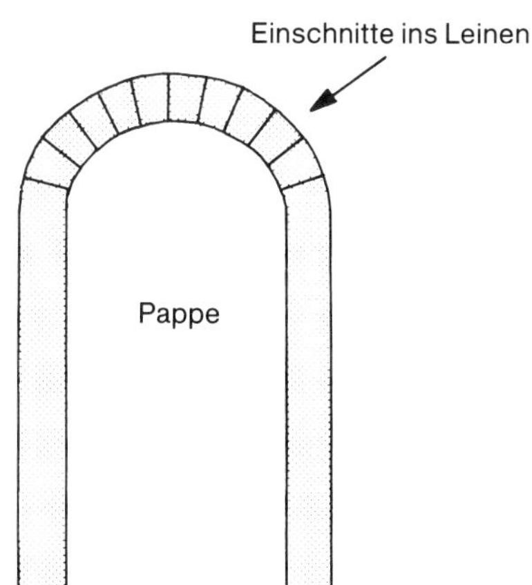

Abb. 113: Das sternförmige Einschneiden des Leinens auf der Rundung.

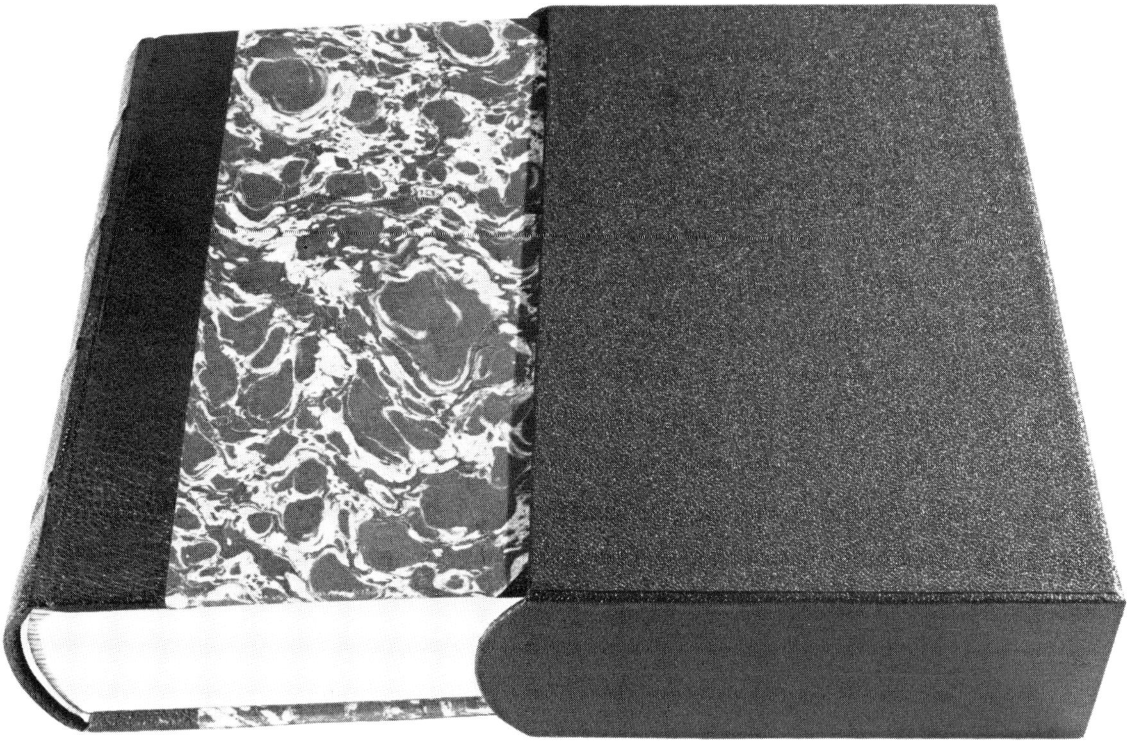

Abb. 114: Das Futteral ist fertig.

Für Kopf und Schwanz schneiden wir zwei Pappstreifen aus, die etwa 2 cm länger sein müssen, als die Buchdeckel breit sind. Diese Streifen werden später auf die Kopf- bzw. Schwanzseite des Futterals geklebt.
Bevor es aber soweit ist, müssen wir erst einmal auf den Streifen anzeichnen, wo die Ecken des Futterals hinkommen. Dann stellen wir das Buch auf diese Markierung und zeichnen auf beiden Streifen die Rundung des Rückens ab, die wir anschließend ausschneiden. Auf **Abb. 110** sind die fertigen Einzelteile zu sehen.
Wir könnten das Futteral jetzt bereits zusammenkleben, aber es sieht besser aus, wenn wir es erst an der Innenseite beispielsweise mit Marmorpapier füttern. Das hat zudem den Vorteil, daß die Pappe nach Fertigstellung von beiden Seiten beklebt ist, wodurch ein Verziehen verhindert wird.
Wir bekleben also den für Rücken und Deckel bestimmten Teil sowie die beiden Streifen für Kopf und Schwanz mit Marmorpapier, wobei darauf zu achten ist, daß das Marmorpapier überall sauber mit den Kanten der Pappen abschließt. Wenn das Innenfutter getrocknet ist, setzen wir das Buch in die Papphülle und binden zwei oder drei Schnüre darum, die nicht zu fest angezogen werden dürfen (siehe **Abb. 112**). Danach bringen wir an den Stirnseiten des Futterals, wo Kopf und Schwanz des Buches liegen, vorsichtig etwas Kunstharzkleber an und kleben die beiden Streifen darauf. Um einen gewissen Druck auf sie auszuüben und sie an ihrem Platz festzuhalten, nehmen wir kleine Stücke Klebestreifen zu Hilfe. Hierfür eignet sich am besten das sog. Abklebeband, das beim Streichen von Fenstern zum Abkleben der Rahmen und Nuten benutzt wird, um diese vor Farbflecken zu schützen. Man erhält es in jedem Farbengeschäft. Es ist ein Klebestreifen, der sich nach dem Gebrauch leicht wieder entfernen läßt, ohne die Pappe zu beschädigen.
Wenn die Hülle richtig trocken ist und fest zusammenhält, wird die Außenseite bezogen. Zunächst

kontrollieren wir, ob die Ecken des Futterals gleichmäßig sind. Ist dies nicht der Fall, so bearbeiten wir sie noch etwas mit feinem Schmirgelpapier. Zum Beziehen der Außenseite wählt man gern das gleiche Leinen, das auch für den Einband des Buches verwendet worden ist. Das beste Resultat erzielen wir, wenn wir Kopf, Schwanz und Rücken aus einem durchgehenden Stück anfertigen mit einem möglichst schmalen Rand, der auf beide Deckel geklebt wird. Die beiden Deckel bekleben wir abschließend mit zwei maßgerecht zugeschnittenen Leinenstücken, die wir an der offenen Seite etwa 1 cm nach innen einschlagen. Auch die Rundungen an Kopf und Schwanz werden 0,5 bis 1 cm nach innen eingeschlagen. Je schmaler der Rand, um so besser. Um einen schönen, gleichmäßigen Verlauf der Rundung zu bekommen, wird das Leinen mit einem sogenannten Karton- oder Teppichmesser sternförmig eingeschnitten, dann umgelegt und mit dem Falzbein nach innen gedrückt (siehe **Abb. 113**).

Zum Schluß lassen wir das Futteral mit einem Buch darin trocknen, nachdem wir zuvor genau kontrolliert haben, ob sich auch keine Leimreste mehr an der Innenseite befinden. Während des Trocknens wird das Futteral beschwert.

Das Einbinden von Partituren

Da an die Einbände von Partituren besondere Anforderungen gestellt werden, wollen wir die dafür notwendigen Arbeiten in einem Kapitel für sich behandeln. Eine Partitur muß sich vor allem gut aufschlagen lassen, das ist wohl eine der ersten Bedingungen.

Da Partituren gewöhnlich intensiver benutzt werden als Bücher zum Lesen, werden wir, sofern wir Besitzer alter Partituren sind, es nicht für einen überflüssigen Luxus halten, diese gelegentlich auf- bzw. neu einzubinden. Dies kommt nebenbei dem Aussehen jeder Musikbibliothek sehr zugute. Außerdem kann ein Hobby-Buchbinder durch seine Fachkenntnis viel sparen, wenn er fortan gebrauchte Partituren kauft und diese dann selbst neu einbindet.

Kombinationen von Parten

Wir können verschiedene Parte für das gleiche Instrument kombinieren und in einem Band zusammenfassen, wobei wir allerdings darauf achten müssen, daß der Band nicht zu schwer wird. Die normalen, zusammenlegbaren Notenständer sind nicht für schwere Bücher gebaut. Eigentlich kann man nur die Klavierstimmen zu einem dickeren Buch zusammenfassen. In allen anderen Fällen ist es besser, mit Mappen zu arbeiten (siehe **Abb. 107**).

Einige Punkte, in denen das Einbinden von Partituren vom Einbinden normaler Bücher abweicht

Das Format

Das größere Format erschwert das Heften. Partituren werden auf Bänder geheftet oder broschiert. Niemals heftet man sie auf Schnüre oder arbeitet zwirnlos (lumbecken). Wird auf Bänder geheftet, so kann die Heftlade verwendet werden. Die Bänder befestigt man in dem Fall mit Reißzwecken.

Das Reparieren der Lagen

Da Partituren intensiv benutzt werden, ist der Verschleiß dementsprechend größer. Deshalb bringt man immer auf den inneren Lagen Reparaturstreifen an, ganz im Gegensatz zu der Behandlung von normalen Büchern, wo so wenig wie möglich repariert wird und auch nur, wenn es unbedingt erforderlich ist. Oft versieht man auch noch die äußeren Lagen mit Reparaturstreifen. Man hält sich dabei aber an die für Reparaturstreifen maximale Breite von 1,5 cm. Dies geschieht mit Hinblick auf bequemes Umblättern. Risse in den Seiten werden auf die übliche, im Kapitel »Das Auseinandernehmen und Reparieren eines Buches« besprochene Weise repariert. Da aber die Noten sehr gut lesbar bleiben müssen, werden Reparaturen mit Papier ausgeführt, das so transparent wie nur irgend möglich ist. Zu empfehlen ist hierfür japanisches Seidenpapier.

Das Heften

Partituren, die aus einer, zwei oder manchmal auch drei Lagen bestehen, heftet man mit dem Heft- oder Broschierstich (siehe Kapitel »Broschieren, Einbinden ohne Heften, Einbinden in Sammelbände«).

Eine nur aus einer Lage bestehende Partitur wird mit einem Umschlag aus zwei doppelten Vorsätzen versehen. Auf den Rücken klebt man einen Leinenstreifen zur Verstärkung. Dann sticht man mit der Nadel in gleichmäßigen Abständen von innen nach außen 5 Heftlöcher vor und heftet die Lage anschließend mit nicht zu dickem Zwirn (z. B. Nr. 25) so, wie es auf **Abb. 115** dargestellt ist.

Der Knoten soll an der Außenseite beim mittelsten Heftloch liegen. Den Heftzwirn kann man dann eventuell noch mit einem dünnen Papierstreifen abdecken. Anstelle von zwei doppelten Vorsätzen, die mitgeheftet werden, kann man auch einen Vorsatz und einen Umschlag aus Aktenkarton nehmen und mitheften. Dann wird die Sache etwas stabiler.

Abb. 115: Heftstich mit fünf Heftlöchern.

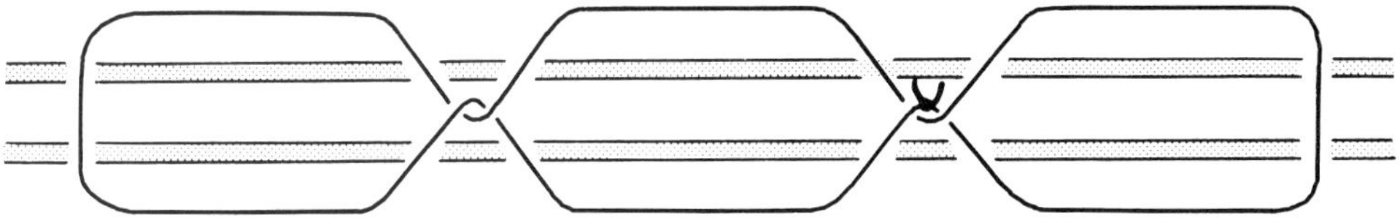

Abb. 116: Broschierstich.

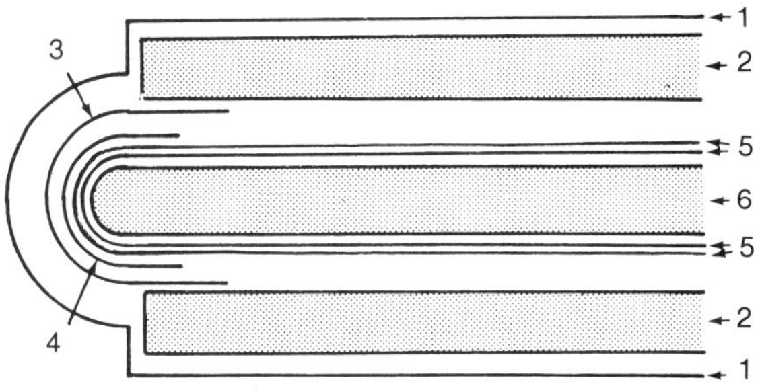

1. Äußere Bekleidung
2. Pappe
3. Rückenstreifen aus Papier, an dem die Pappen befestigt sind
4. Leinenstreifen
5. Vorsätze (einzeln oder doppelt)
6. Die Lage selbst

Abb. 117: Schematische Darstellung einer aus einer Lage bestehenden Partitur.

Damit ist die Arbeit bereits beendet. Es ist die einfachste Art eines Einbandes. Natürlich möchte man lieber etwas Ansehnlicheres anfertigen. Aber darauf kommen wir noch zurück.

Bei Partituren von zwei oder auch drei Lagen arbeitet man mit dem Broschierstich, wie ihn **Abb. 116** zeigt. Hierbei werden die Vorsätze nicht mitgeheftet, sondern nach dem Heften mit einem schmalen Kleisterstreifen vorgeklebt, wie es auch bei dem normalen Deutschen Einband üblich ist. Es ist zwar möglich, auch mehr als drei Lagen auf diese Weise zu broschieren, aber dann leidet die Festigkeit darunter. Wenn es sich um mehr als zwei Lagen handelt, sollte man besser auf Bänder heften.

Der zu verwendende Leim

Zum Kleben normaler Bücher gibt es kein besseres Mittel als heißen Leim. Bei Partituren jedoch (und ganz besonders, wenn es sich um dünne Parte von ein oder zwei Lagen handelt) ziehen wir Kunstharzkleber vor, da dieser etwas mehr Geschmeidigkeit beim späteren Umblättern gewährleistet. Wir wissen bereits, daß Kunstharzkleber, ebenso wie warmer Leim, auch in der Kombination mit Kleister verwendet werden kann. Hiervon machen wir in Einzelfällen Gebrauch.

Die Fertigstellung der gehefteten Partitur

Nach der bereits besprochenen Methode, bei der ein Umschlag aus Karton mitgeheftet wurde (eigentlich auf die gleiche Weise wie bei einem Schulheft aus einer Lage), wollen wir nun sehen, welche anderen Möglichkeiten der Abarbeitung es noch gibt.

Die Fertigstellung von Partituren aus einer Lage

Wir gehen jetzt von einer Lage aus, die mit zwei doppelten Vorsätzen versehen und geheftet wor-

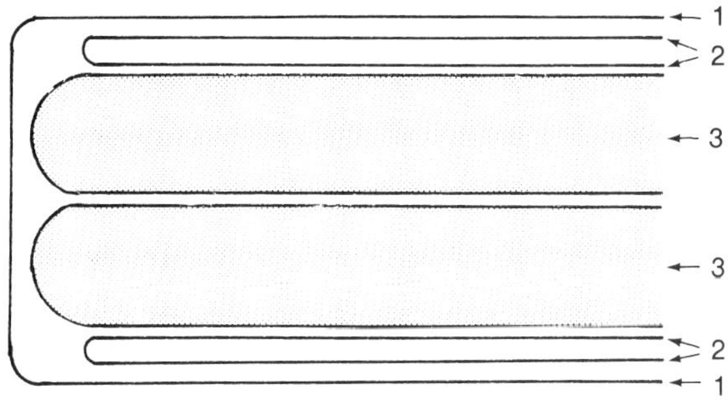

1. Leinenrücken
2. doppelte Vorsätze
3. Lagen

Abb. 118: Schematische Darstellung einer Partitur aus zwei Lagen.

den ist. Zur Verstärkung wurde ein Leinenstreifen über den Rücken auf das äußere Vorsatz geklebt. Nun beschneiden wir der Reihe nach zunächst den Vorderschnitt, dann den Schwanz und zuletzt den Kopf. Anschließend können wir die geheftete und beschnittene Lage wie ein normales Buch abarbeiten, und zwar in Ganzleinen-, Halbleinen- oder in kartonierter Ausführung. Für die letztere verwenden wir Akten-, Manila- oder Elfenbeinkarton.
Wir schneiden aus dünner Graupappe oder aus Karton Deckel aus und kleben diese Deckel auf einen Rückenstreifen aus Vorsatzpapier, wobei wir 0,5 cm für den Rückenfalz berücksichtigen. Die Maßzugabe für den Einschlag an Kopf, Schwanz und Vorderschnitt beträgt wie üblich 2 bis 3 mm. Bei Büchern, die nur aus einer Lage bestehen, verwendet man keinen Karton für den Rückenstreifen. Haben wir die Deckelpappen aus Aktenkarton (oder anderem Karton, jedoch nicht aus Pappe) zugeschnitten, dann können wir diese unbezogen lassen oder sie mit Marmorpapier ohne Leinenecken bekleben. Deckelpappen aus Graupappe können auf die uns bekannte Weise als Deckenband abgearbeitet werden, also in Ganz- oder Halbleinenausführung (siehe Kapitel »Broschieren, Einbinden ohne Heften, Einbinden in Sammelbände«). **Abbildung 117** zeigt noch einmal in schematischer Darstellung, welche Materialien im Querschnitt übereinanderliegen. Danach schmieren wir die Vorsätze an, hängen das Buch in den Einband und pressen es eine längere Zeit zwischen Preßbrettern.
Anmerkung: Wenn wir den Einband aus Karton und nicht aus Pappe anfertigen, können wir ihn mitheften, wie es bei der ersten Möglichkeit beschrieben worden ist. In dem Fall wird zum Schluß dann eventuell noch ein Leinenstreifen über den Rücken und das darauf sichtbare Zwirn geklebt.
Soll der Einband nicht mitgeheftet werden, so wird er bei der Fertigstellung behandelt, als ob der Karton Pappe wäre.

Das Abarbeiten von Partituren aus zwei Lagen
Zuerst werden die Vorsätze mit Hilfe eines schmalen Kleisterstreifens von 3 mm vorgeklebt. Danach klebt man einen etwa 8 cm breiten Leinenstreifen (Laufrichtung beachten!) über den Rücken. Zum Kleben verwendet man ziemlich dicken, also nicht oder kaum verdünnten Kunstharzkleber. Ist die Arbeit soweit gediehen (siehe **Abb. 118**), muß entschieden werden, ob man den Einband aus Pappe oder Karton herstellen will, denn von hieran sind die Tätigkeiten dann verschieden. Wir werden beide Möglichkeiten beschreiben.

Die Ausführung in Pappe:
Zunächst muß der Buchblock, der jetzt so aussieht, wie es **Abb. 118** zeigt, beschnitten werden. Dann wird auf die gleiche Weise, wie es bei der aus einer Lage bestehenden Partitur beschrieben worden ist, ein Deckenband angefertigt. Alle weiteren Arbeiten zur Fertigstellung sind die gleichen.

Die Ausführung in Karton:
Der Buchblock wird, im Gegensatz zu der oben beschriebenen Fertigstellung mit Pappe, zu diesem Zeitpunkt nicht beschnitten. Zunächst schneidet man aus Karton zwei Deckel zu und befestigt diese mit einem schmalen Leimstreifen auf dem Leinen

Abb. 119: Einige Beispiele eingebundener Partituren.

Abb. 120: Partitur mit zwei Stimmen, wobei eine in die andere geschoben werden kann.

des Rückens. Um die Scharnierbewegung nicht zu behindern, bleibt man dabei beiderseits etwa 0,5 cm vom Rücken entfernt. Dann werden die Vorsätze mit Kleister eingestrichen und vor die Deckel geklebt. Erst nachdem das Buch einige Stunden zwischen Preßbrettern gepreßt worden ist, wird es beschnitten.

Um ein späteres Verziehen der Kartondeckel zu verhindern, ist es empfehlenswert, deren Außenseiten mit Marmorpapier zu beziehen. Dann sind die Deckel beidseitig beklebt, was immer besser als eine einseitige Beklebung ist. Das Marmorpapier wird nach dem Vorkleben der Vorsätze angebracht.

Die Fertigstellung von Partituren mit drei oder mehr Lagen

Der hierfür benötigte Deckenband entspricht in allem den Deckenbänden für normale Bücher. Genau wie diese wird er mit Rückeneinlage aus Karton und Rückenfalzen angefertigt. Das Runden des Rückens ist natürlich nur bei umfangreicheren Büchern von mehr als 100 Seiten sinnvoll. Die einzige Schwierigkeit beim Anbringen des Deckenbandes ist durch das Format bedingt und liegt in der Möglichkeit, daß sich der Buchblock im Deckenband verschiebt. Diesem Problem muß mit besonderer Aufmerksamkeit begegnet werden.

Das Kombinieren gebundener Partituren mit Mappen

Man begegnet in der Praxis unzähligen Kombinationen. Wir werden nachstehend fünf Möglichkeiten besprechen, und zwar:

1. Eine Kombination zweier Parte, die beide aus einer Lage bestehen.

2. Eine Kombination zweier Parte, wobei einer aus mehreren Lagen und der andere aus einer Lage besteht.

3. Eine Kombination mehrerer Stimmen, wobei eine aus mehreren Lagen und die anderen aus einer oder zwei Lagen bestehen.

4. Eine Kombination mehrerer Parte, die aus ein oder zwei Lagen bestehen.

5. Die Möglichkeit einer Kombination mehrerer Stimmen, die aus drei oder mehr Lagen bestehen.

1. Eine Kombination zweier Parte, die beide aus einer Lage bestehen

Es ist meistens so, daß der Umfang einer Stimme größer ist als der einer anderen, und davon wollen wir auch ausgehen. Der dünnere der beiden Parte soll dann vorn bzw. hinten in die Vorsätze des dikkeren Parts eingefügt werden. Zunächst werden beide Parte geheftet.

Den dickeren Part versehen wir auf die beschriebene Weise mit Buchdeckeln aus Graupappe. Der dünnere Part wird nur mit Vorsatzpapier oder Karton abgearbeitet. Nach seiner Fertigstellung legen wir den dünneren Part zwischen die Vorsätze des dickeren und beschneiden beide Parte gemeinsam an Vorderschnitt, Schwanz und Kopf.

Die dickere, bisher nur mit Deckeln aus Graupappe versehene Stimme wird nun mit Leinen oder einer Kombination aus Leinen und Marmorpapier fertiggestellt. Der dünnere Part bleibt während dieser Arbeit im dicken liegen, damit er später nicht darüber hinausragt. Auf diese Weise wird der für ihn bestimmte Platz zwischen den Vorsätzen berücksichtigt.

Es sind natürlich Variationen möglich. Wir haben hier die »Bibliothekbindeweise« beschrieben. Selbstverständlich kann man die beiden Stimmen auch »kartoniert eingeschlagen« einbinden. In dem Fall beschneiden wir den dünneren Part so, daß er im Format etwas kleiner als der andere ist. Dann versehen wir den dickeren Part auf der Innenseite des hinteren Deckels mit einem Leinenstreifen, unter den der schmalere Part geschoben werden kann (siehe **Abb. 120**).

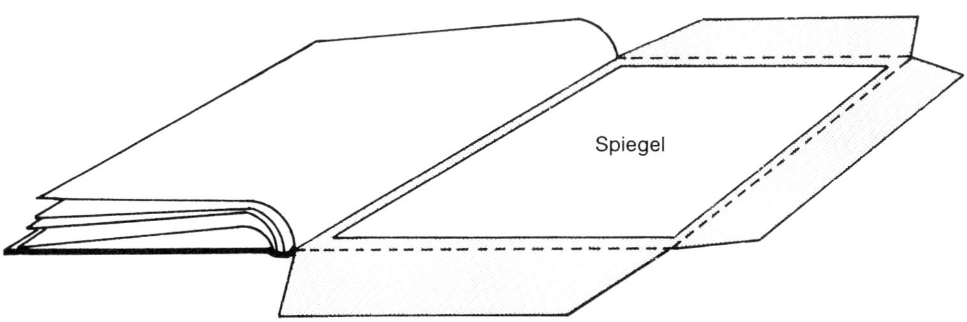

Abb. 121: Eine Partitur, die am hinteren Deckel mit Klappen versehen ist.

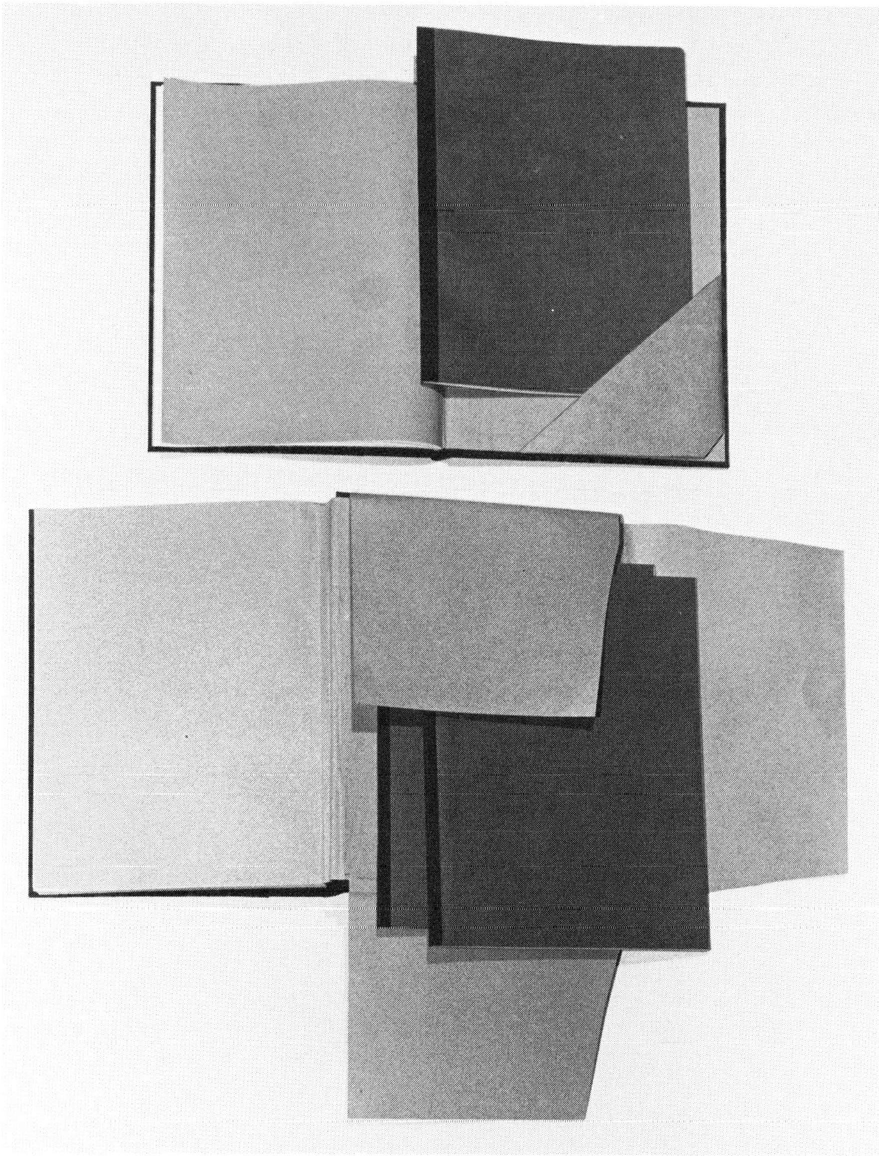

Abb. 122: Partituren, bei denen die kleineren Parte hinten aufbewahrt werden (siehe auch **Abb. 120**).

Anstelle eines Streifens (der übrigens aus doppelt geklebtem Leinen bestehen und unter das Vorsatz des Deckels geklebt werden muß) ist es auch möglich, eine Leinenecke anzubringen, in die der zugehörige Part dann geschoben wird.

2. Die Kombination zweier Parte, wobei ein Part aus mehreren Lagen und der andere aus einer Lage besteht

Diese Möglichkeit wird hier nur aus Gründen der Vollständigkeit erwähnt. Die Arbeitsweise zur Fertigstellung unterscheidet sich nicht von der unter **1.** aufgeführten Kombination.

3. Die Kombination mehrerer Parte, wobei ein Part aus mehreren Lagen und die anderen (dünneren) Stimmen aus einer oder höchstens zwei Lagen bestehen

Es wird davon ausgegangen, daß die losen Parte hinten zwischen Klappen aufbewahrt werden sollen (siehe **Abb. 121**). Die einzelnen Stimmen werden nach der Methode »Partituren, die aus ein oder zwei Lagen bestehen« eingebunden, die bereits in diesem Kapitel beschrieben worden ist. Bei dem Hauptbuch, meistens ist es der Klavierpart, gehen wir folgendermaßen vor:

1. Auf Bänder heften. Wir richten uns dabei nach der für normale Bücher angegebenen Arbeitsweise.

2. Vorsätze anbringen.

3. Den Rücken leimen und mit Kleister einen Papierstreifen darüberkleben, nachdem (wenn gewünscht) Kapitalband angebracht wurde.

4. Die einzelnen Stimmen zwischen die hinteren Vorsätze schieben und den Falz des Vorsatzes, also der letzten Seite des Buches, um sie herum anpassen. Wenn es notwendig erscheint, den Falz kräftig mit dem Falzbein einreiben.

5. Sowohl den dicken Part als auch die dünnen Stimmen beschneiden. Das Format der letzteren soll etwa 1 bis 2 mm kleiner als das des dicken Parts sein.

6. Den Einband anfertigen, wie zuvor beschrieben wurde. Bei den Maßen für den Rücken muß der Umfang der einzelnen Stimmen, die sich zwischen den Vorsätzen befinden, berücksichtigt werden.

7. Den Buchblock in den Einband hängen. Reichlich über die Hälfte des Vorsatzblattes, das gegen den hinteren Einbanddeckel geklebt wird, in der Längsrichtung abreißen. Danach den Buchblock auf die übliche Weise mit Kleister anschmieren, in den Einband kleben und ihn dann in der Buchpresse pressen. Die losen Stimmen müssen sich dabei hinter dem dicken Part befinden, damit der für sie notwendige Platz zwischen dem Vorsatz nach dem Pressen noch erhalten ist.

8. Danach wird aus Aktenkarton ein den Maßen des Buchblockes entsprechender Bogen ausgeschnitten, der sog. Spiegel, sowie drei lose, etwas angeschrägte Klappen. Hierbei ist unbedingt die Laufrichtung zu beachten! Diese Klappen werden später mit den Rändern der Breitseiten unter den zugeschnittenen Spiegel geklebt, der den Einband von innen schützt (siehe **Abb. 109**).

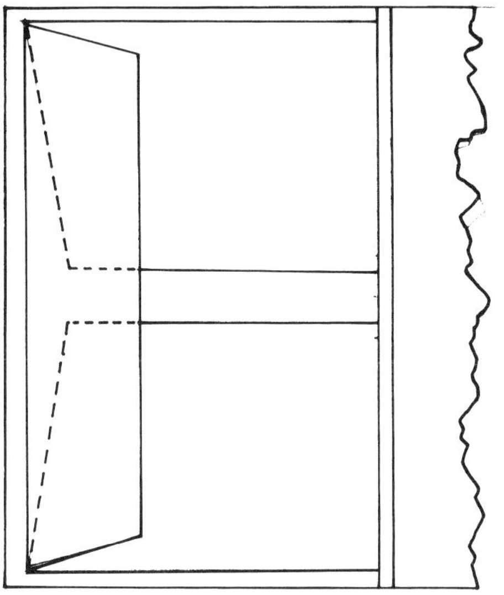

Abb. 123: Die eingeschlagenen Klappen.

9. Die Klappen werden zwischen Spiegel und Einband geklebt und alles zwischen zwei im gleichen Maß zugeschnittenen Brettchen in der Buchpresse kräftig gepreßt.

10. Die Klappen um die gewünschte Anzahl der eingeschobenen losen Stimmen scharf falten und mit dem Falzbein einreiben. Dies geschieht in zwei Phasen. Zunächst müssen die drei Klappen hochgefalzt und anschließend dem Umfang entsprechend seitlich umgelegt und noch einmal gefalzt werden (siehe **Abb. 122**).

4. Das Kombinieren mehrerer gleicher Parte, die jeweils aus einer oder zwei Lagen bestehen.

Jeder Part wird mit einem eigenen Umschlag aus Manila- oder Aktenkarton versehen. Die Anfertigung eines Einbandes für eine Stimme mit ein oder zwei Lagen wurde bereits in diesem Kapitel besprochen. Die gewünschte Anzahl Stimmen wird in ei-

Abb. 124: Eine Mappe für eine Partitur mit mehreren Stimmen.

ner Mappe mit festem Rücken und Klappen aufbewahrt. Die Anzahl und die dadurch bedingte Stärke der aufzubewahrenden Parte muß natürlich vorher bekannt sein, da sie für die Höhe des Rückens ausschlaggebend ist. Die Anfertigung des Einbandes entspricht der beim Bucheinband bereits beschriebenen Arbeitsweise. Die Pappen werden gut 0,5 cm breiter zugeschnitten, als es die einzelnen Stimmen sind. Den Rücken beklebt man an der Innenseite mit Leinen, die Deckel mit Manila- oder Aktenkarton. Die beiden spiegelgleichen Seitenklappen werden so groß zugeschnitten, daß sie den Inhalt fast ganz bedecken. Die Vorderklappe hält man schmaler. Sie soll die Seitenklappen in geschlossenem Zustand nur ungefähr bis zu einem Drittel der Oberfläche bedecken.

Die Klappen werden so abgeschrägt (siehe die gestrichelten Linien auf **Abb. 123**), daß sie einander beim Zuklappen nicht behindern. Die Mappen können auch wie Bucheinbände ganz oder teilweise mit Leinen abgearbeitet werden.

5. Das Kombinieren mehrerer Parte von drei oder mehr Lagen

Wenn hierfür eine Mappe verlangt wird, dann wird dies entsprechend der unter **4.** gegebenen Anweisungen durchgeführt. Wir müssen aber wohl bedenken, daß eine Mappe nur für eine beschränkte Anzahl dünnerer Parte geeignet ist. Wenn die einzelnen Stimmen zu dick sind, was besonders leicht der Fall sein kann, wenn sie mit Graupappe eingebunden sind, dann ist es besser, sie einzeln aufzubewahren. In einem solchen Fall ist es wichtig, bei der Auswahl der Farben für Leinen und Marmorpapier Kombinationen zusammenzustellen, die – besonders in einer umfangreichen Musikbibliothek – dafür sorgen, daß sich beim Auffinden zusammengehöriger Parte keinerlei Probleme ergeben. Es bleibt jedem selbst überlassen, sich sein eigenes System zu erstellen.

Wer das Einbinden von Partituren erst einmal beherrscht, kann nahezu alle Kombinationen, die in der Musik vorkommen, selbst einbinden.

Materialien und Werkzeuge

Dieses Kapitel zeigt Materialien und Werkzeuge, die zum Teil fertig zu kaufen sind, zum Teil aber auch selbst angefertigt werden können.
Wenn ein Sternchen (*) bei der Abbildung steht, handelt es sich um ein Werkzeug, das selbst anzufertigen ist. Meistens befindet sich dann auch eine Arbeitszeichnung mit dazugehörigem Text in diesem Kapitel.

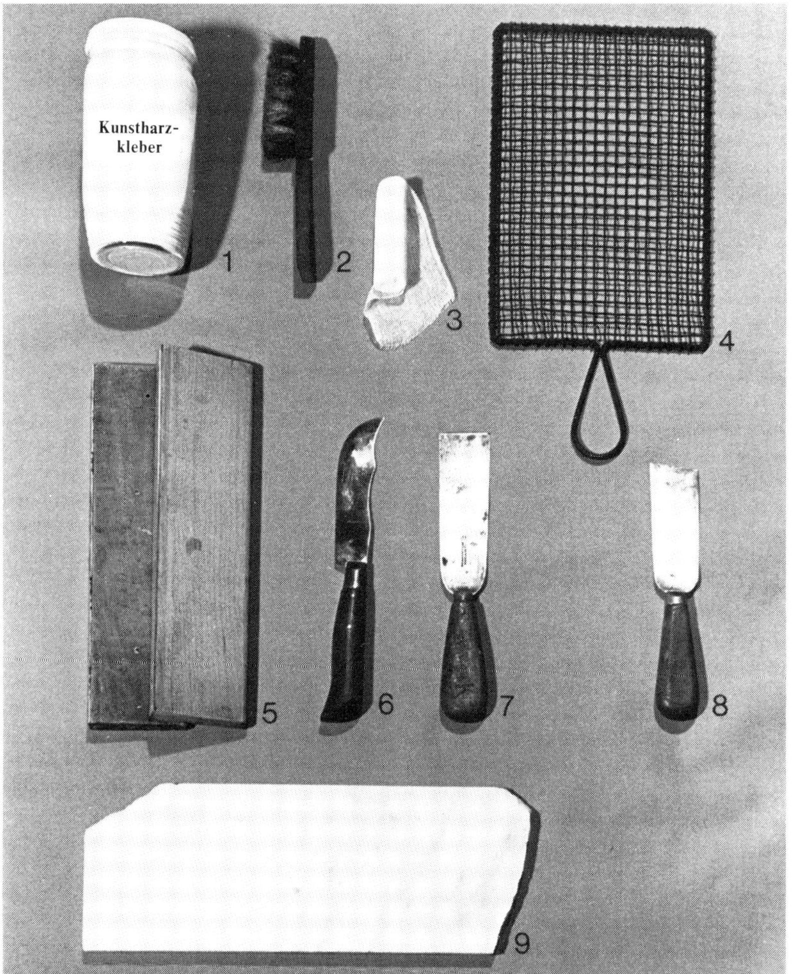

Abb. 125: 1. Kunstharzkleber, 2. Sprenkelbürste, 3. Verbandgaze, 4. Sprenkelrahmen, 5. Rückenfalzbretter, 6. Schärfmesser, 7/8. Schärfmeißel, 9. Marmorplatte, (Schärfstein).

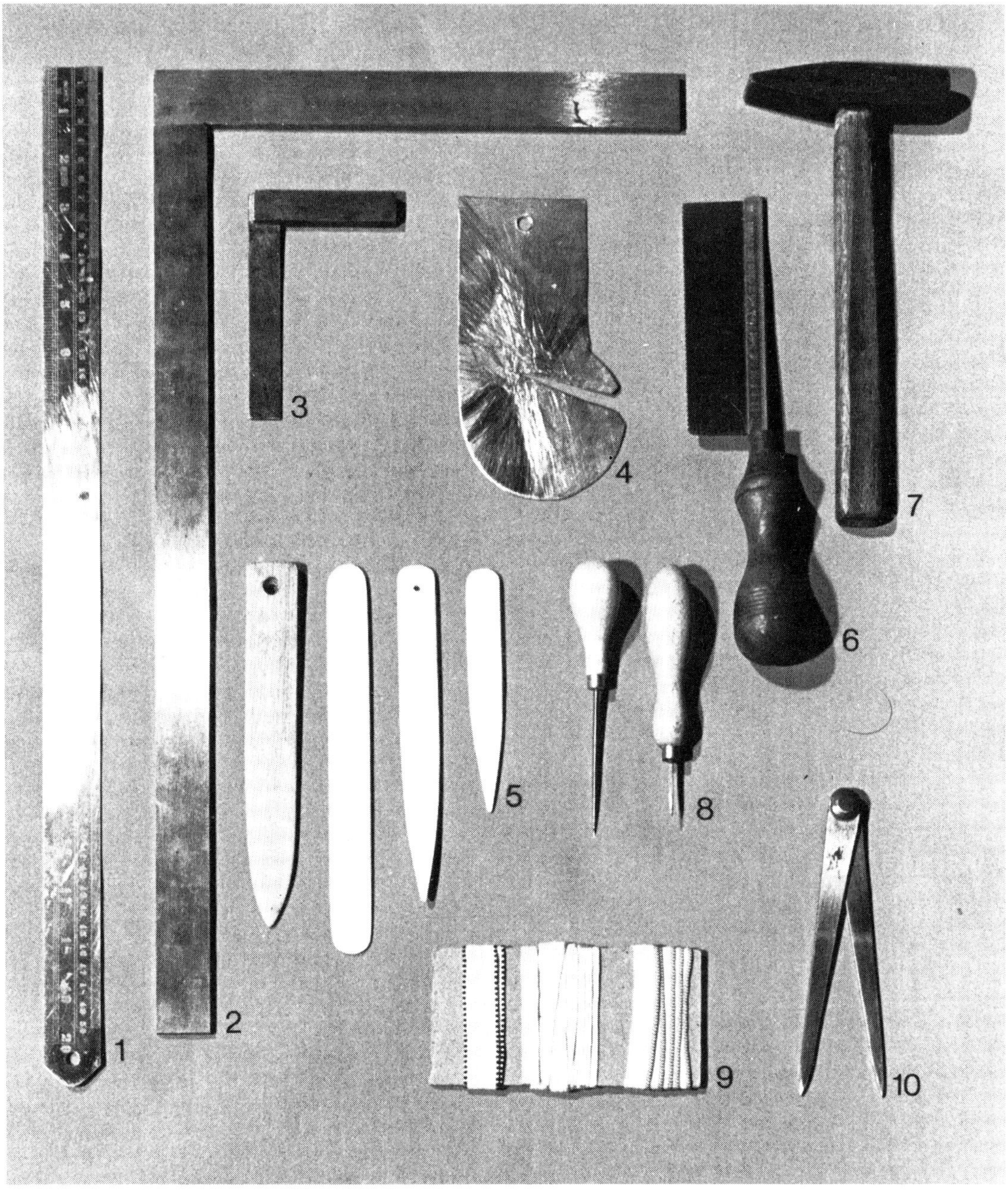

Abb. 126: 1. Stahllineal, 2. Schmiedwinkel (Winkelmaß ohne erhabene Ränder), 3. Winkelmaß, 4. Schabeisen*, 5. verschiedene Falzbeine**, 6. Rückensäge, 7. Hammer mit viereckiger Schlagfläche, 8. Pfrieme, 9. Kapitalband, 10. Zirkel.

*Ein Schabeisen läßt sich leicht mit einer Blechschere oder einer Allzweck-Küchenschere aus einem Stück Zink ausschneiden (nicht aus Blech). Wesentlich ist, daß nachher alle Grate aus dem spitz verlaufenden Einschnitt sorgfältig weggefeilt werden. Die Form kann variieren, jedoch hat sich der rechteckige Streifen von beispielsweise 20 × 6 cm sehr bewährt. Die Ecken werden leicht abgerundet, um der Gefahr eventueller Beschädigungen des Buchblockes vorzubeugen.

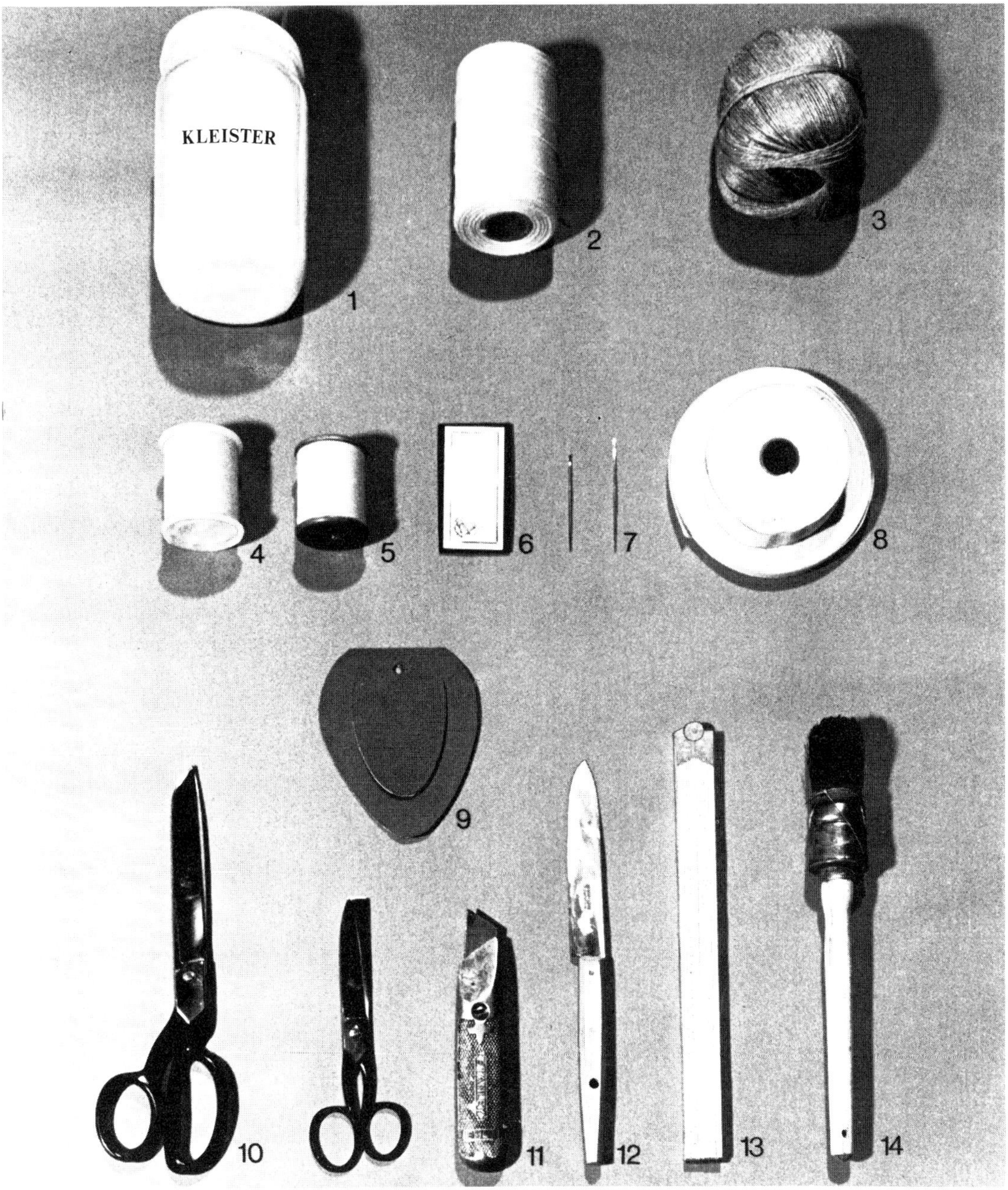

Abb. 127: 1. Kleister, 2. dicker Zwirn, 3. Hanfschnur, 4/5. dünner Zwirn, 6/7. verschiedene Nadeln, 8. Gazeband, 9. Das »Herz«, 10. Scheren, 11. Sog. Karton- oder Teppichmesser, 12. Buchbindermesser, 13. Zollstock, 14. großer Leimpinsel.

◀ **Ein Falzbein ist leicht aus einer 15 bis 20 cm langen, 3 cm breiten und 0,5 cm starken Hartholzlatte (Eiche, Buche oder Ahorn) herzustellen. Man sägt erst die gewünschte Form aus, z. B. entsprechend der Klinge eines Buchbindermessers, und schrägt dann die Spitze und die Seiten mit einem Hobel oder einer Hobelraspel langsam verlaufend ab. Zum Schluß wird das Falzbein mit Schmirgelpapier geglättet.

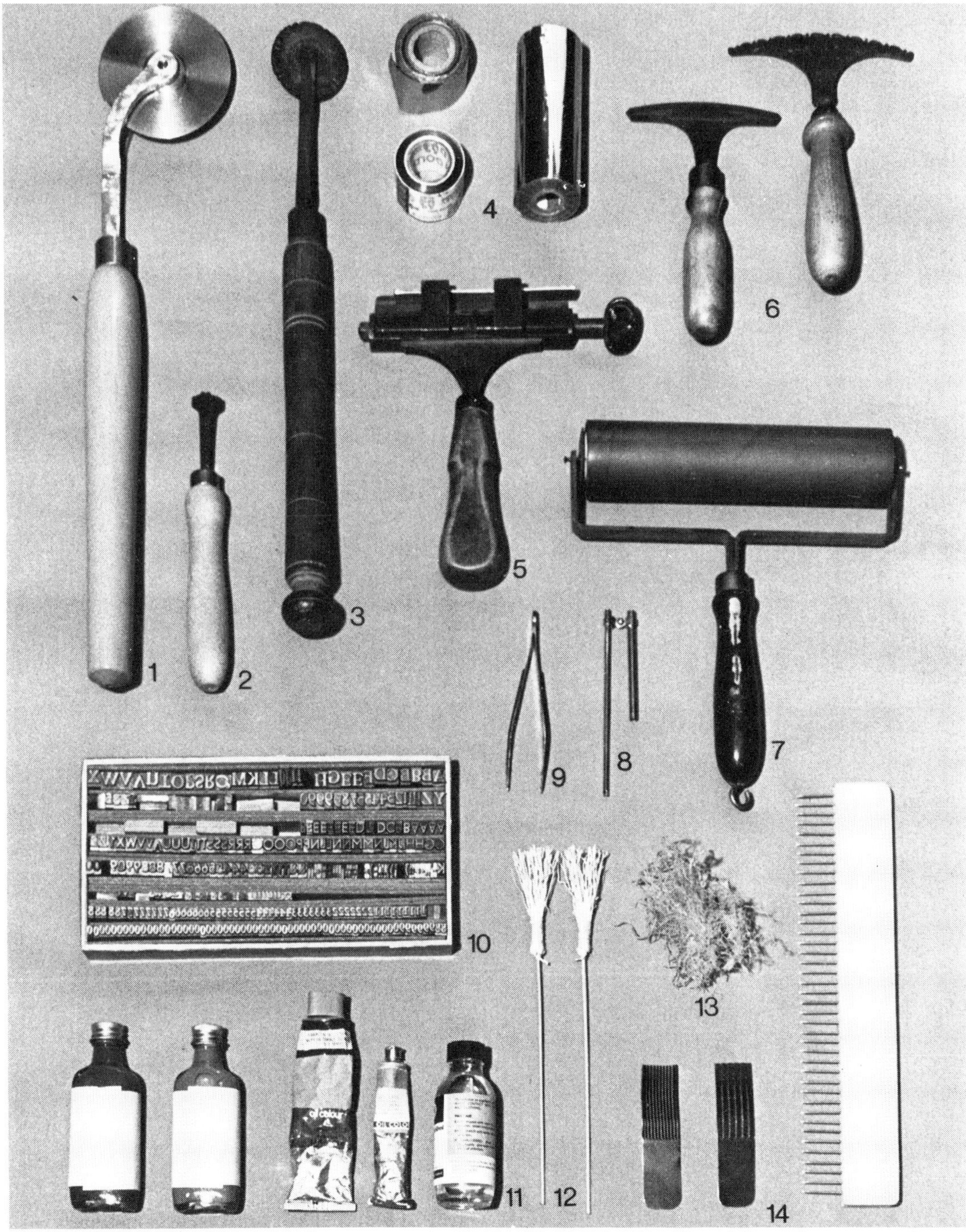

Abb. 128: 1. Linienrolle, 2. Stempel, 3. Linienfilete, 4. Goldfolie, 5. Zentralschriftkasten, 6. Fileten, 7. Gummirolle, 8. Fixierspritze, 9. Pinzette, 10. Buchstaben zum Handvergolden mit dem Zentralschriftkasten, 11. verschiedene Tuschen und Farben zum Marmorieren, 12. Besen für das Marmorieren, 13. Irisches Moos, 14. Kamm zum Marmorieren.

Abb. 129: 1. Buchpresse, schwere Ausführung, 2. Heftlade, 3. einfache Heftlade.

Abb. 130: 1. Presse mit dazugehörigem Beschneidehobel, 2. Beschneidehobel mit Tischklemmen, 3. Tischpresse (besonders für Arbeiten am Buchrücken).

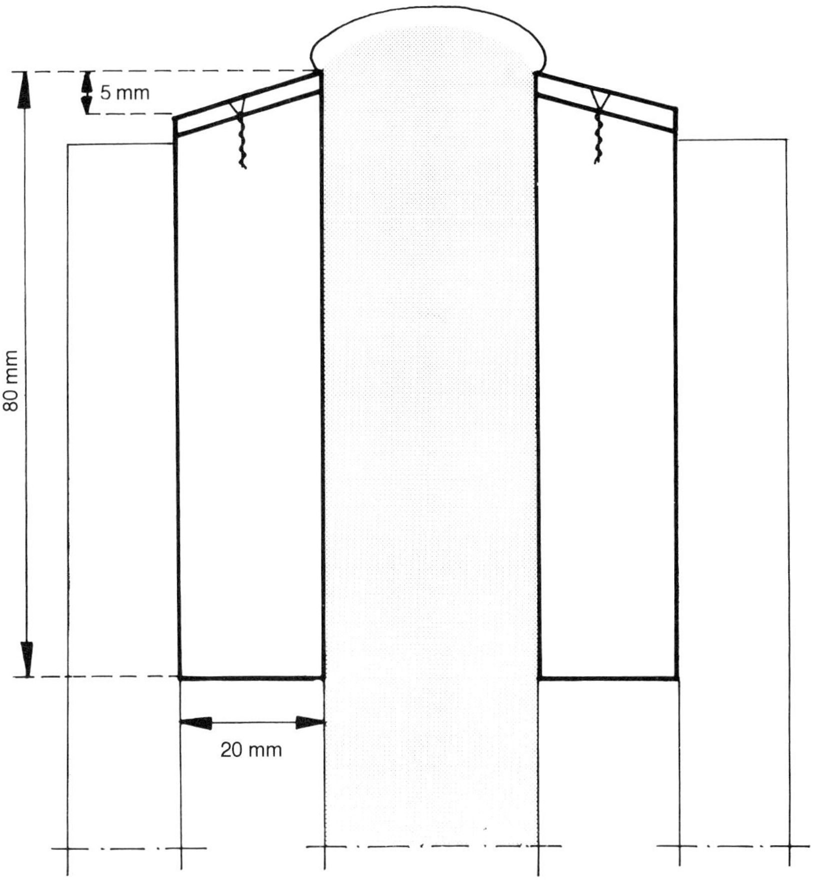

Abb. 131

Rückenfalzbretter

Diese Bretter werden aus Hartholz (Buche, Eiche oder Ahorn) angefertigt. Ihre Länge stimmt man auf die gebräuchlichste Buchhöhe ab. Wer also seine Bretter 35 cm lang macht, kann damit Bücher bis einschließlich Folioformat bearbeiten. Sehr breit brauchen die Bretter nicht zu sein, es genügen 8 bis 10 cm. Eine der schmalen Längsseiten wird abgeschrägt und mit einem Metallstreifen versehen, dessen Breite der Brettstärke entspricht. Diesen Streifen befestigt man mit versenkten Holzschrauben, die keinesfalls über den Streifen hinausragen dürfen! Die Fläche des Streifens mit den darin befindlichen Schrauben muß also eventuell gefeilt und abschließend mit einer Schlichtfeile gut geglättet werden.

Abb. 131 zeigt:

a) Das Rückenfalzbrett in der Seitenansicht im Maßstab 1:1;

b) Die Verwendung der Rückenfalzbretter, die hier mit einem eingepreßten Buch zwischen den Preßbrettern stehen.

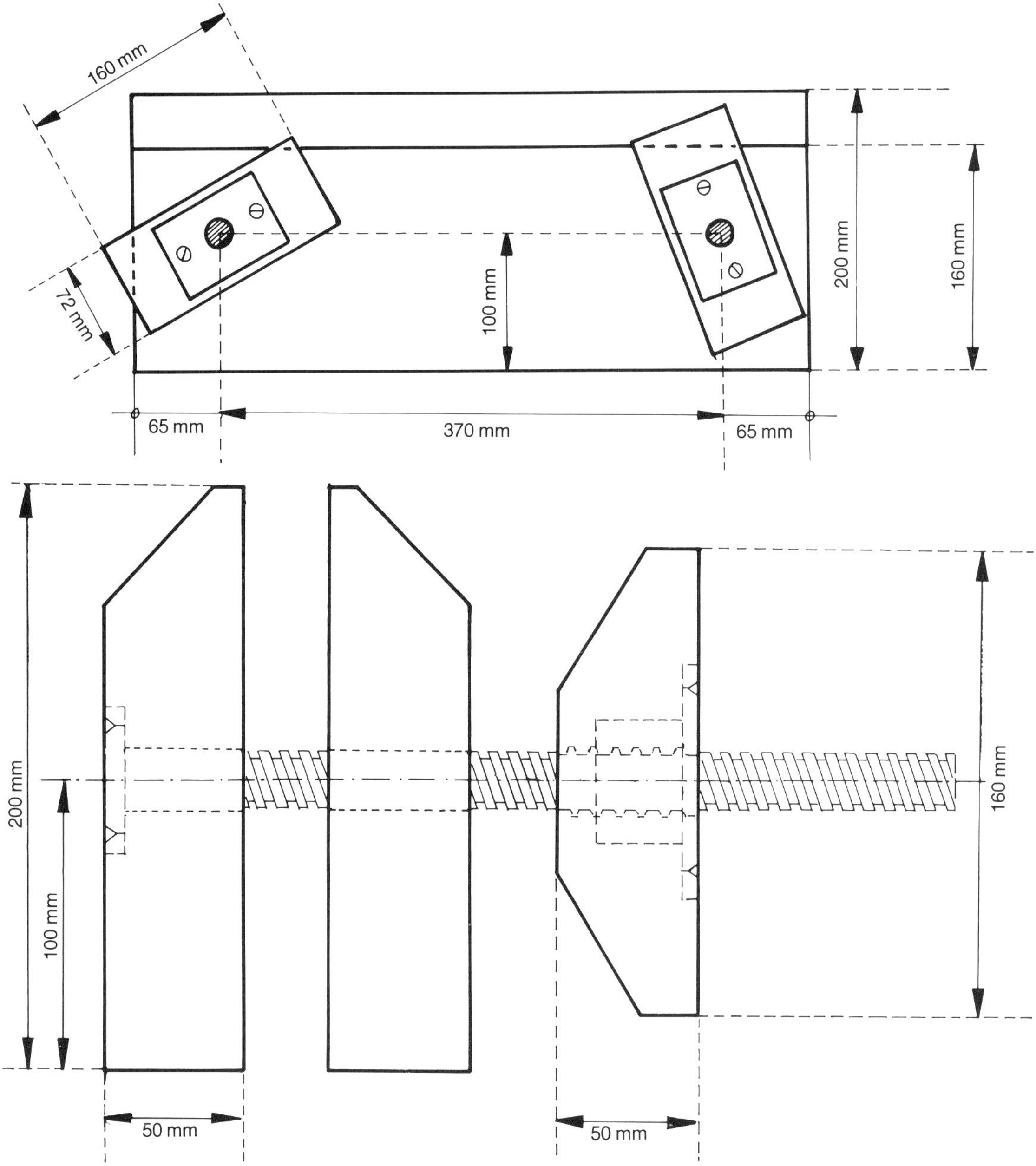

Abb. 132 oben: Stehende Tischpresse (Vorderansicht) Maßstab 1 : 5
unten: Stehende Tischpresse (Seitenansicht) Maßstab 1 : 2,5.

Stehende Tischpresse

Materialien:

- Presse und Drehklötze aus Ahornholz
- Spindeln von 2 cm Ø mit Trapezgewinde; Länge 30 bis 40 cm.

Die Drehklötze werden auf die gleiche Weise angefertigt wie diejenigen der normalen Buchpresse, jedoch 4 cm kürzer. Ein Ende der Spindeln läßt man auf einem Stück Eisenblech von 5 × 7 × 0,5 cm festschweißen. Das Blech wird mit versenkten Schrauben in eine Hälfte der Presse eingelassen.

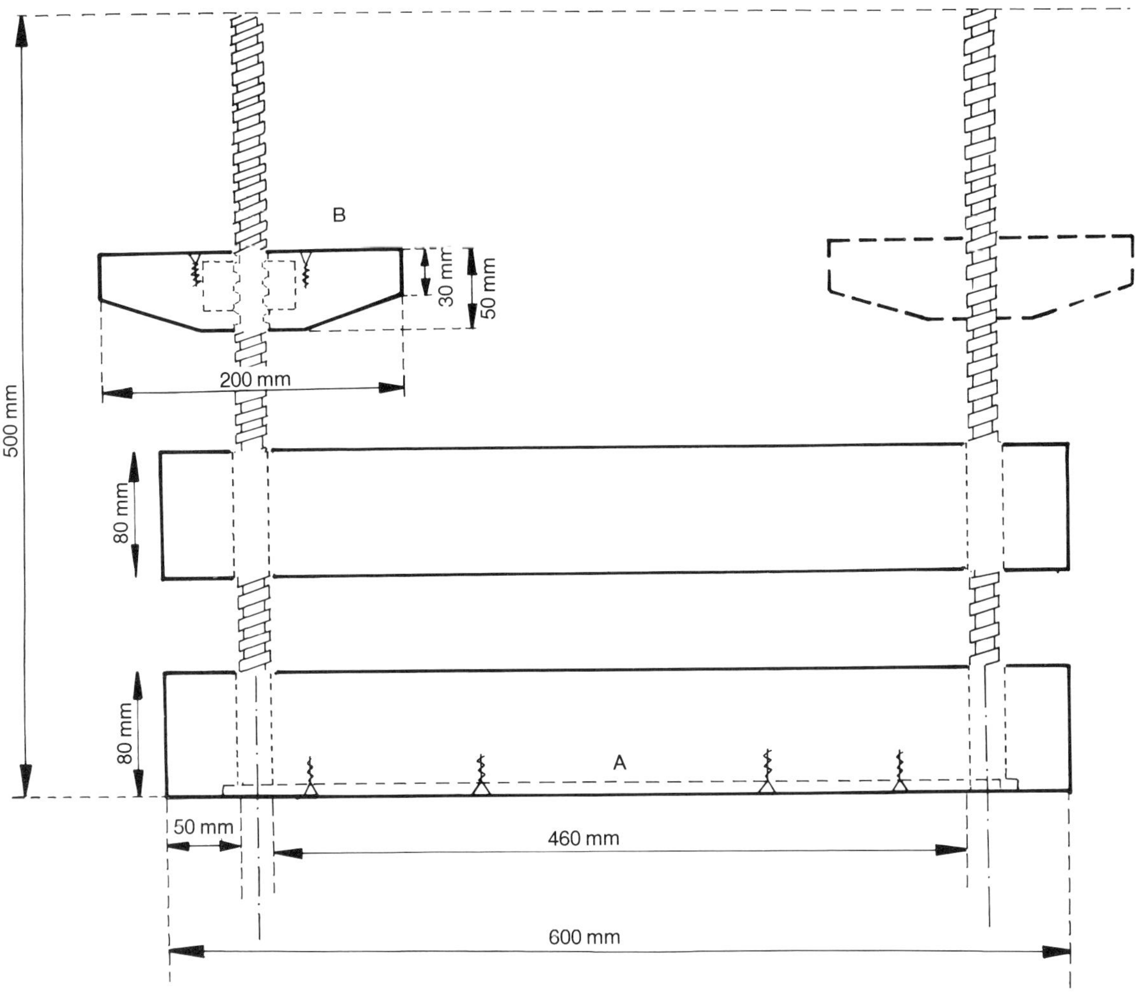

Abb. 133: Buchpresse (Vorder-/Hinteransicht), Maßstab 1 : 5.

Buchpresse

Durchmesser der Spindeln 20 mm
Durchmesser der Bohrlöcher 22 mm

A = Flacheisen von 540 × 50 × 6 mm. Bevor man mit der Anfertigung der Presse beginnen kann, muß man die Spindeln auf das Flacheisen schweißen lassen. Am besten ist es, sie erst in das Flacheisen zu versenken und dann anschweißen zu lassen. Aus dem Holz des untersten Balkens stemmt man nun mit Hammer und Stemmeisen so viel heraus, daß das Flacheisen vollkommen versenkt werden kann. Dann wird dieses mit versenkten Schrauben in dem Balken befestigt.

B = Drehklötze aus Holz, in die eine auf ein Flacheisen geschweißte runde Mutter eingelassen ist (siehe die besondere Zeichnung hierzu).

Materialien für die Presse:

a) Holzbalken:
Hartholz, wie z. B. Buche, Eiche oder Ahorn

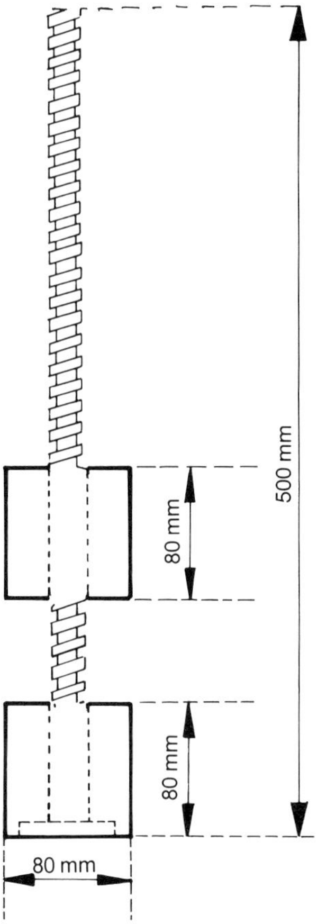

Abb. 133 a: Buchpresse (Seitenansicht) Maßstab 1 : 5.

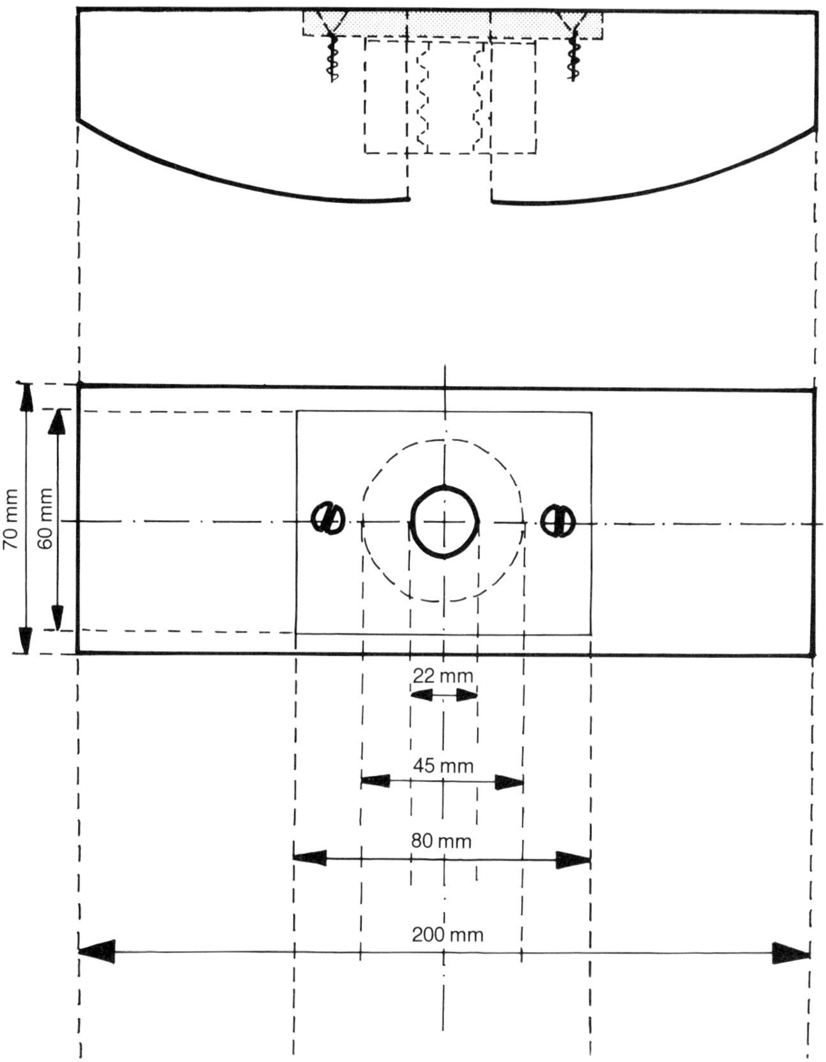

Abb. 133 b: (oben) Drehklotz (Seitenansicht) Maßstab 1 : 2
(unten) Drehklotz (Draufsicht) Maßstab 1 : 2.

b) Spindeln:
Keine gewöhnlichen Gewindestücke, sondern Stücke mit »Trapezgewinde« wie sie bei Schraubstöcken, Leimklemmen usw. üblich sind. Diese bekommt man als Meterware in guten Eisenwarenhandlungen.
Muttern:
Hier gilt das gleiche. Gehören zu den Gewindestücken.

c) Schrauben:
Zum Befestigen des Flacheisens mit den Spindeln und der Muttern in den Drehklötzen. Normale Holzschrauben mit flachem Kopf, etwa 30 mm lang, Kopfdurchmesser 8 mm.

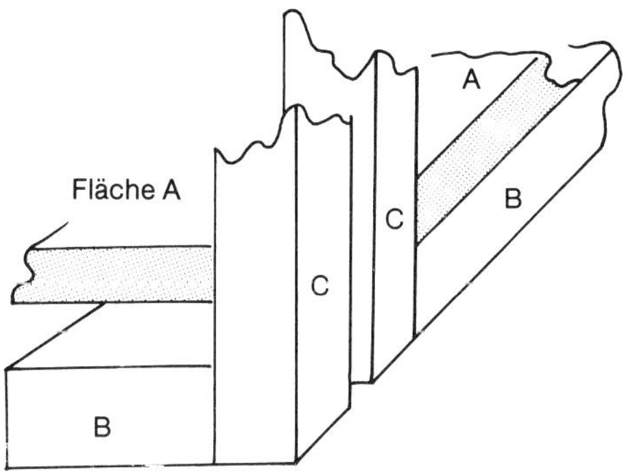

Abb. 134: Konstruktion der Heftlade.

Die Anfertigung einer Heftlade

Materialien:

A. 1 Möbelplattenstück von 600 × 334 × 16 mm
B. 2 Hartholzlatten von 360 × 70 × 20 mm
C. 4 Hartholzlatten von 500 × 20 × 20 mm
D. 1 Hartholzlatte von 520 × 46 × 20 mm
E. 2 Stücke Hartholz (z. B. von Latte **D**) von 100 × 46 × 20 mm
F. 1 Hartholzlatte von 560 × 30 × 16 mm
G. 2 Schrauben mit sechseckigem Kopf M6 × 70
H. 3 bis 5 Ösenschrauben M6 × 70
I. Passende Flügelmuttern zu **G.** und **H.**
J. Unterlegscheiben passend zu den Schrauben **G.** und **H.** (Der äußere Durchmesser der Scheiben muß 30 mm betragen)
K. 2 Flacheisen von 46 × 15 × 2 mm
L. Holzleim und Holzschrauben
M. 3 bis 5 große Perlen von mindestens 10 mm Durchmesser

Konstruktion

Aus dem Möbelplattenstück **A** sägt man an einer der beiden Längsseiten beide Ecken in den Maßen von 20 × 20 mm heraus. In diese Aussparungen soll nachher je eines der stehenden Führungshölzer hineinpassen.

Aus den beiden Latten **B** werden Stücke von 46 × 20 mm herausgesägt und in die Aussparungen dann jeweils 2 der Latten **C** eingeleimt und festgeschraubt. Der Zwischenraum zwischen ihnen soll reichlich 6 mm betragen. Danach wird die Arbeitsplatte **A** auf die Latten **B** geleimt und geschraubt (siehe hierzu die Detailzeichnung).

Jetzt fertigt man aus **D** und **E** den waagerechten Balken an, an dem später die Haken angebracht werden. Zunächst aber muß man die Latte **D** in der Mitte fast über die ganze Länge mit einer 6 mm breiten Rille versehen oder versehen lassen. »Fast über die ganze Länge« bedeutet, daß an den beiden Stirnenden je ein Stück von 15 bis 20 mm unbearbeitet bleiben muß. Danach werden die Stücke **E** auf die Stirnseiten geleimt und geschraubt. Die Holzschrauben müssen natürlich versenkt werden. Direkt oberhalb der waagerechten Latte werden die Schrauben **G** eingeschraubt und ihre Köpfe in die Stücke **E** versenkt, so daß sie sich nicht mitdrehen können. Jetzt kann der Balken zwischen den Führungshölzern **C** angebracht und mit Flügelmuttern befestigt werden. Unter jede Flügelmutter kommt eine der Unterlegscheiben **J.**

Die beiden Führungen werden jetzt an den oberen Stirnenden mit den Flacheisen **K** verbunden, in die man zuvor Löcher für die Holzschrauben gebohrt hat. Das Anbringen der Haken wird keine Probleme mit sich bringen. Es muß allerdings noch ein Stückchen aus jeder Öse herausgesägt werden, wobei man nicht vergessen darf, die Sägeschnitte hinterher glattzufeilen. Auch bei den Haken kommen Unterlegscheiben unter die Flügelmuttern.

Nun fehlt nur noch das Anbringen der Latte **F.** Diese Latte wird fast über die ganze Länge abgeschrägt, um das Einstechen der Nadel beim Heften zu erleichtern. Nur etwa 20 bis 30 mm an beiden Enden spart man dabei aus, denn diese müssen abgerundet werden. Beim Abrunden kürzt man die Latte zugleich um etwa 3 mm ein. Die Latte wird nun an einer Seite mit einer Holzschraube auf dem noch herausstehenden Teil der Latte **B** befestigt. An der anderen Seite bohrt man durch eine der Führungen **C** ein Loch bis in die Latte **F.** In dieses Loch wird ein Nagel gesteckt, damit die Latte auf ihrem Platz bleibt. Zwischen der Arbeitsplatte und der Latte **F** ist wieder ein Zwischenraum von 6 mm.

Wie werden die Schnüre auf der Heftlade gespannt?

Man verwendet Hanfschnurstücke von etwa 50/55 cm Länge und bindet an deren Enden je eine Perle **M.** Nun dreht man die Latte **F** nach vorn, was durch

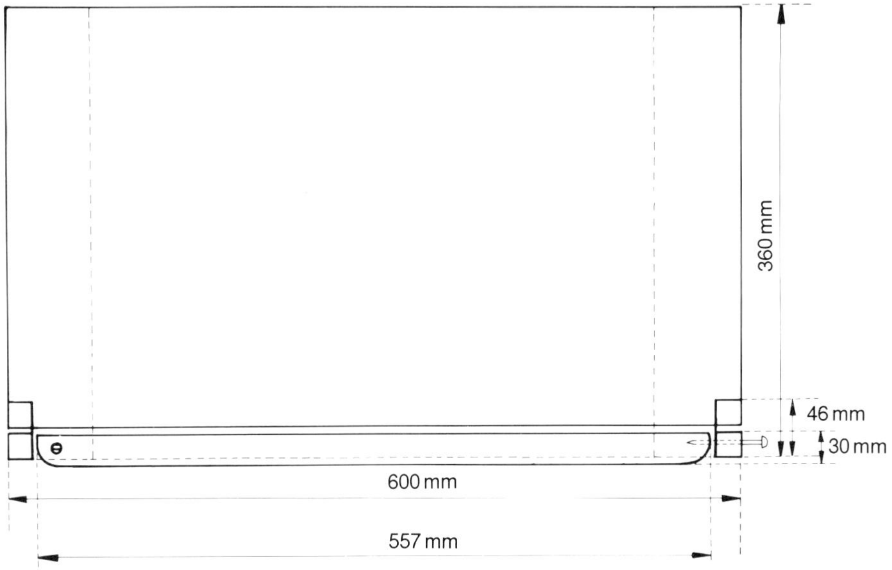

Abb. 134 a: Heftlade (Vorderansicht) Maßstab 1 : 6.

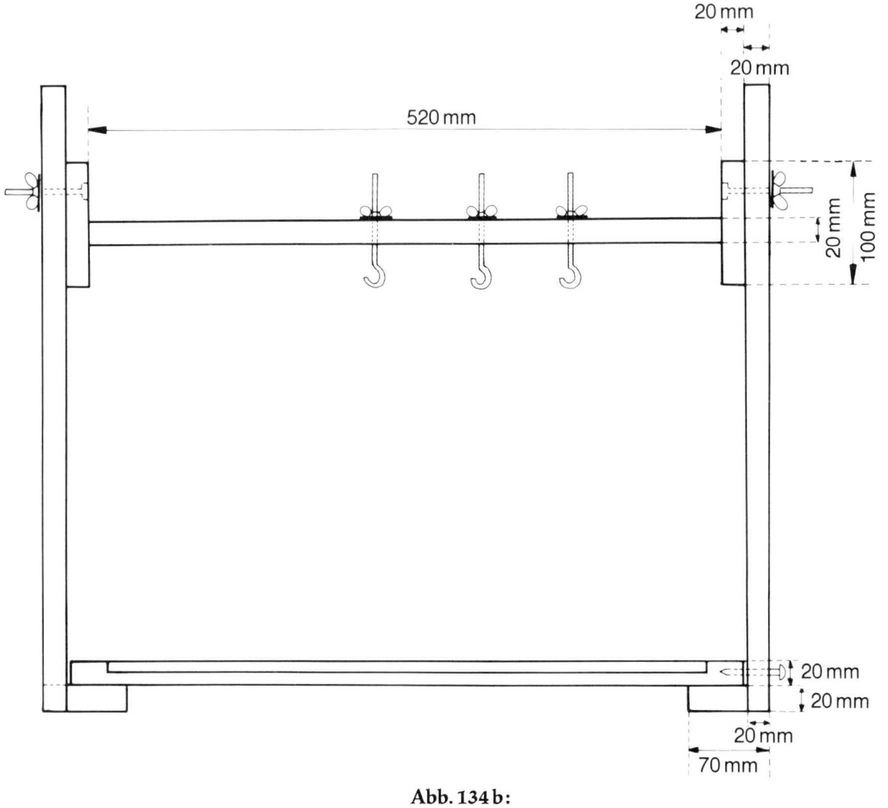

Abb. 134 b:
Heftlade (Draufsicht) ohne den waagerechten Oberbalken, an dem die Haken befestigt sind. Bezüglich der Maße siehe Vorderansicht und die nachstehende Beschreibung. Maßstab 1 : 6

Abb. 135: Schneideapparat

Herausnehmen des Nagels ermöglicht wird. Die Perlen kommen unter die Latte, die man danach mit dem Nagel wieder an ihrem Platz befestigt. Jetzt werden die Schnüre an den Haken festgebunden. Gespannt wird dadurch, daß man den ganzen Balken nach oben schiebt. Die einzelnen Schnüre können schließlich noch durch Verstellen der entsprechenden Haken nachgespannt werden.

Der Beschneidehobel

Wie bereits früher erwähnt, geben wir die Angaben zur Eigenanfertigung dieses Schneideapparates nur zögernd. Der von uns angefertigte Prototyp arbeitet zwar recht befriedigend, aber nur bis zu einer begrenzten Stärke: maximal 15 mm.
Der Entwurf beruht auf dem Prinzip, dem Messer beim Schneiden, das mit der Hand ausgeführt wird, die Möglichkeit des Weggleitens zu nehmen. Diesem Zweck dienen die beiden Winkelstücke **C** (siehe Arbeitszeichnung).
Außerdem muß der Buchblock natürlich gut fest und zuverlässig angedrückt liegen, was durch den Balken **B** und die Flügelmuttern auf den Schrauben **D** erreicht wird. In der Arbeitszeichnung zeigen wir nur die Seitenansicht im Maßstab 1:2, was bedeutet, daß die Arbeitsplatte **A** in Wirklichkeit 30 cm breit ist. Bei unserem Prototyp haben wir diese Breite bei einer Längsseite (also der Vorderseite) von 40 cm gewählt. Der Balken **B** ist daher ebenfalls 40 cm lang.

Die beiden Schrauben **D** sind versenkt und oben unter dem Zinkblech **E** mit einer Gegenmutter befestigt. Ihr Abstand zu den Seiten der Arbeitsplatte beträgt jeweils 20 mm.

Erklärung der Buchstaben:

A. Arbeitsplatte aus einer 300 × 400 × 19 mm großen Sperrholzplatte
B. Andrücklatte aus Hartholz, 400 × 70 × 15 mm
C. Aluminiumwinkelstücke mit den Außenmaßen 15 × 15 mm
D. Schrauben mit sechseckigem Kopf M6 × 70 mit Gegenmutter und Flügelmutter
E. Zinkblech 300 × 400 mm

Anmerkung: Es dürfte aus der Zeichnung ersichtlich sein, daß der zu beschneidende Buchblock unter den Balken **B** gepreßt wird und daß sich das Messer zwischen den beiden Aluminiumwinkeln bewegt. Der Winkel, der sich am Balken **B** befindet, wird in den Balken eingelassen und mit versenkten Schrauben befestigt. Der Gegenwinkel muß mit 2 kräftigen Holzschrauben gegenüber oder in unmittelbarer Nähe der Schrauben **D** befestigt werden. Mit den Holzschrauben stellt man die Winkelstükke auf die Dicke des Messers ein. Das kann ein scharf geschliffenes Buchbindermesser sein oder ein sog. Teppich- oder Kartonmesser, eventuell auch eine Schiebeklinge, von der immer wieder ein Stück abgebrochen werden kann.

Literaturverzeichnis/ Lieferantenverzeichnis

Diem, Walter/Bieberstein, Michael: Buntpapiere selber machen, Ravensburg 1981

Esters, Lothar: Fachwörter-Lexikon für Buchbinder, Heusenstamm 1979

Helwig, Hellmuth: Das deutsche Buchbinderhandwerk, Stuttgart 1962 – 1965

Helwig, Hellmuth: Der Bibliothekseinband, Frankfurt 1978

Moessner, Gustav: Die täglichen Buchbinderarbeiten, Hannover 1968

Prediger, Christoph E.: Der Buchbinder und Futteralmacher, Zürich 1976

Wiese, Fritz: Der Bucheinband, Stuttgart 1953

In Geschäften für Handarbeits- und Mal- und Zeichenbedarf werden Materialien und Werkzeuge wie z. B. Papier, Leinen, Zwirn, Scheren und Kartonmesser angeboten.

Hinsichtlich der spezielleren Buchbinderartikel ist man auf den Fachhandel bzw. den Großhandel angewiesen

W. Benteli AG, Blaufahnenstr. 14, CH-8022 Zürich

Braunwart & Lüthcke, Ickstattstr. 3, 8000 München 5

Drissler & Co., Japanpapiere, Industriehof 7–9, 6000 Frankfurt

Van Eeuwen bv, Spoorlaan 94, 3739 IR Hollandse Rading, Holland

Heinz Föll OHG, Liststr. 49, 4000 Düsseldorf 30

Anton Glaser, Bedarfsartikel für das Graphische Gewerbe, Feinpapiere, Buchbinderleder, Theodor-Heuss-Str. 3 A, 7000 Stuttgart

Rob. Paul Kumetat KG, Longericher Straße 225, 5000 Köln 60

Emil Kumetat KG, Hammer Dorfstr. 124, 4000 Düsseldorf

Wilhelm Leo's Nachfolger GmbH, Heinrich-Baumann-Str. 9, 7000 Stuttgart

Heinrich Lohnes Nachf., Reichenbachstraße 17 – 19, 6800 Mannheim 31

Raab und Grossmann, Buchbindereibedarf, Rottmannstr. 9 – 13, 8000 München 2

Racher & Co. AG, Repro- und Zeichenbedarf, Marktgasse 12, CH-8025 Zürich

Walter & Mackh, Geierstr. 1, 2000 Hamburg 60

Wilh. Raunegger, Börsegasse 12, A-1010 Wien

WE-HA-Papier, Charlottenstr. 95, 1000 Berlin 61

Register